미용통계학

COSMETIC STATISTICS

구민사

문소희

現) 호남대학교 뷰티미용학과 교수

뷰티 관련 학과 교수 대상 통계학 특강 진행

미용 통계 관련 특강 진행

한국인체미용예술학회 2020-2022년 최다 논문 심사위원

미용통계학 강의 교원

미용통계학

초판 인쇄 2023년 4월 1일
초판 발행 2023년 4월 10일

저 자 | 문소희
발 행 인 | 조규백
발 행 처 | 도서출판 구민사
(07293) 서울시 영등포구 문래북로 116, 604호(문래동 3가 46, 트리플렉스)
전 화 | (02) 701-7421~2
팩 스 | (02) 3274-9642
홈페이지 | www.kuhminsa.co.kr
신고번호 | 제2012-000055호(1980년 2월 4일)

I S B N | 979-11-6875-226-9(93590)
정 가 | 24,000원

머리말

현대사회에서는 데이터가 매우 중요한 자원으로 자리 잡았으며, 다양한 분야에서 데이터를 수집하고, 분석하며, 이를 토대로 의사결정을 내리는 일상이 이루어지고 있습니다. 그리고 이를 위해 필수적인 지식 중 하나가 바로 통계학입니다.

최근 미용산업은 지속적인 성장세를 보이고 있지만 이에 대한 연구나 분석은 2010년대에 들어서야 활발해지기 시작하였고, 최근에서야 활용되고 있습니다. 특히 미용산업의 성장과 발전을 위해서는 정확한 데이터와 분석이 매우 필요합니다.

이 책은 통계학의 기초를 배우고자 하는 독자들을 위해 출간되었습니다. 통계학에서 사용되는 용어와 개념 그리고 기초적인 통계 분석 방법들에 대해서 설명하였고 있으며, 특히 독자들은 이 책을 통해 데이터를 수집하고 분석하는 과정에서의 오류를 줄이는 방법과 통계 분석 결과를 올바르게 해석하는 방법을 배울 수 있습니다. 또한 미용분야에 대한 통계학적인 접근 방법을 제공하고, 미용분야의 현재와 미래를 예측하는데 도움을 주기 위해 출간되었습니다. 이 책은 SPSS를 활용한 미용분야의 통계학적인 개념과 이론을 설명하고, 이를 바탕으로 다양한 미용 관련 데이터를 분석하는 방법을 설명하고 있습니다.

이 책은 실제 데이터를 통해 통계학을 학습하고자 하는 독자들을 위해 다양한 예제와 연습문제를 제공하고 있습니다. 이를 통해 독자들은 통계학의 이론뿐만 아니라 실제 데이터 분석에 필요한 기술도 함께 습득할 수 있습니다.

또한 통계학을 처음 접하는 독자들뿐만 아니라 다양한 분야에서 데이터 분석을 수행하는 모든 분야의 전문가들에게도 유용한 자료가 될 것이며, 미용분야에 종사하는 전문가나 학생, 연구자들에게도 유익한 자료가 될 것입니다.

부족한 시간을 가지고 집필하였기에 항상 아쉬운 점이 많지만 이 책이 나오기까지 응원해주신 분들께 감사드리며, 책이 무사히 출간되도록 배려해 주신 도서출판 구민사 조규백 대표님과 직원 여러분께 진심으로 감사드립니다.

차례

CHAPTER 3

연구가설의 설정 • 51

CHAPTER 4

SPSS를 활용한 통계 분석 • 67

미용통계학

미용 | COSMETIC STATISTICS | 통계학

1장

설문 문항

1 설문 문항의 유형

1) 폐쇄형(closed question, 객관식 문항)

응답자가 문항 보기 중 하나를 선택하게 하는 문항으로 응답자들이 선택할 수 있는 보기를 모두 나열할 수 있는 경우 사용한다. 리커드(Likert) 척도, 우선순위 척도, 다중 선택 문항도 이에 해당한다.

(1) 장점

① 답변이 표준화되어 있다.
② 코딩이 용이하다.
③ 질문의 의미가 명확하게 전달된다.
④ 민감한 주제에 보다 적합하다.
⑤ 응답자가 쉽게 응답할 수 있어 응답률이 높다.

(2) 단점

① 응답 가능한 보기를 빠뜨릴 수 있다.
② 보기가 너무 많아지면 응답자들이 끝까지 읽지 않을 가능성이 있다.

(3) 폐쇄형 문항 작성방법

폐쇄형 문항에서 범주를 몇 개로 할 것인지 결정하는 것도 중요하다. 보기 수가 많아지면 응답자가 기억하지 못하는 문제가 발생하므로, 10개 이상이면 보기를 그룹화하여 보기 수를 줄이는 것이 바람직하다.

폐쇄형 문항 예시

1. 성별

① 남자　　② 여자

2. 연령

① 20대　　② 30대　　③ 40대　　④ 50대

(4) 리커드(Likert) 척도

리커드 척도는 통계 척도라고도 하며 어느 성향의 가장 끝에서부터 다른 끝까지의 범주로 구성되는 5점에서 7점 척도를 사용하는 질문이다. 일반적으로 리커드 설문조사 질문은 척도 내에 보통 또는 중간 옵션을 포함한다. 예 또는 아니요와 같이 두 가지 요소로만 구성되어 있는 질문들과 달리 리커드 유형 질문은 제품이 '그저 괜찮았는지' 또는 '뛰어났는지'에 대해 더 자세한 피드백을 받도록 해주는 특징을 가진다.

① 보기 문항을 만족 정도 순서대로 배열해야 한다. 좋지 않은 보기부터 먼저 제시하면 응답자들은 앞에 있는 것을 선택하는 경향이 있어 좋은 보기를 앞에 놓으면 실제보다 만족도가 높아지는 경향이 있다.

② 범주를 몇 개로 할 것인지 결정하는 것도 중요하다. 평가에 익숙한 선진국에서는 5점 척도를 주로 사용하지만, 극단을 선택하기 꺼려하는 우리나라에서는 4점 척도를 사용하거나 7점 혹은 10점 척도를 사용하기도 한다. 그러나 5점 척도를 가장 많이 이용하므로 이를 사용해서 구성하는 것이 좋다.

리커드(Likert) 5점 척도 예시

① 매우 불만족　② 불만족　③ 보통　④ 만족　⑤ 매우 만족

① 매우 그렇지 않다　② 그렇지 않다　③ 보통이다　④ 그렇다　⑤ 매우 그렇다

리커드(Likert) 4점, 7점 척도 예시

4점 척도

① 매우 불만족　② 불만족　③ 만족　④ 매우 만족

7점 척도

매우 불만족|_1_|_2_|_3_|_4_|_5_|_6_|_7_|매우 만족

2) 개방형(open question, 주관식)

응답자가 직접 자기의 생각이나 자신의 특성을 적게 하는 문항이다.

응답자들이 주관적 문항에 호의적으로 답하거나 주관식으로 답할 능력이 있을 때 사용하기도 하지만, 일반적으로 주관식 문항보다는 객관식 문항이 선호된다.

① 응답자의 주관적 의견 기술이 필요할 경우

② 답변 가능한 상황을 모두 보기를 나열하면 보기가 너무 많을 경우

③ 모든 상황을 고려하기 어려운 경우

(1) 장점

① 응답자의 의견을 정확하게 알아볼 수 있다.

② 보기가 너무 많거나 응답자의 생각을 전부 파악할 수 없어 모두 나열하기 어려운 경우 사용할 수 있다.

(2) 단점

① 응답 결과를 분류하기 어렵다.

② 응답이 표준화되어 있지 않다.

③ 무응답, 응답 거절 가능성이 높아진다.

개방형 문항 예시

귀하에게 가장 적합한 어학 연수 지역을 적으시오. (____________)

당신의 소득 수준은? __________만 원

2 설문 문항의 종류

1) 질적(범주형) 자료

관찰값을 1, 2, 3등 숫자로 바꾸어서 입력해도 수적 의미는 없이 범주만을 나타내는 자료, 범주형 자료, 정성적 자료

2) 양적(수치형) 자료

관찰값이 수치로서 의미를 갖는 자료로 범주로 나누지 않고 실제값을 기록한 자료, 정량적 자료

3) 속성에 따른 자료 구분

(1) 명목(범주)형 자료

아무런 순서가 없으며 단순한 '분류'를 목적으로 하는 자료

(2) 순위(서열, 순서)형 자료

명목척도이면서 순서에 의미가 있는 자료, 값의 차이는 의미 없지만 순서는 의미가 있다.

(3) 이산(범위)형 자료

정수로만 측정이 가능한 자료, 수치 간에 차이가 의미를 가지는 자료, 셀 수 있는 형태의 값을 취하는 자료

(4) 연속형 자료

연속적인 값을 갖는 자료, 연속인 어떤 구간에서 값을 취하는 자료

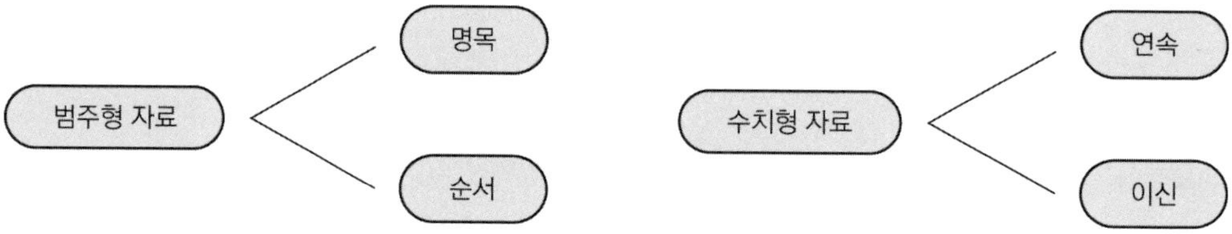

[그림 1-1] 범주형 자료와 수치형 자료

예시

1. 성별

① 남자 ② 여자

2. 연령

① 20대 ② 30대 ③ 40대 ④ 50대

3. 한달 평균 생활비?

_______________ 만원

4. 본인 가정의 자녀수?

_______________ 명

5. 본인의 키는?

_______________ cm

3 설문 문항의 오류

설문조사 작성자로서 설문조사에 어떤 질문을 포함시켜야 하는지 이미 알고 있을 수 있지만, 질문 자체를 어떻게 작성하느냐에 따라 설문조사의 질이 결정된다. 설문조사 질문이 작성된 형식에 따라 주어진 사안에 대한 응답자의 관점이 변경될 뿐만 아니라 의도하지 않게 응답자로 하여금 질문에 부정확한 답변을 제공하도록 할 수 있다.

제대로 작성된 설문조사 질문은 응답자들이 어느 한쪽으로 치우치지 않고 솔직한 답변을 제공할 수 있도록 한다. 즉, 설문조사 질문은 응답자들이 어떤 옵션을 선택할지에 대해 혼동을 느끼지 않도록 해야 한다.

1) 이중적 질문

이중적 질문은 설문조사가 저지르는 오류 중 가장 흔한 것 중 하나로 응답자들에게 한 번에 두 가지 질문을 하는 경우이다. 이런 질문은 설문조사 결과를 크게 망가뜨리는 요인이 된다.

설문조사 질문은 한 번에 한 가지만 측정되는 방식으로 작성되어야 한다. 질문 한 개에 두 가지 주제가 있는 경우, 응답자가 서로 다른 요인들 중 어느 한 가지에 중점을 두고 있는지를 측정하기란 불가능하다.

적절하지 않은 질문 예시

어디에서 네일아트하는 것을 선호하나요?

이 질문에 답변함으로써 응답자들은 자신들이 네일아트를 하는 것으로 단언하게 된다. 그러나 네일아트를 싫어하거나 심지어는 네일아트를 아예 하지 않을 수도 있기 때문에 이 질문에 솔직히 답변할 수 없다.

통상적으로 의도적인 질문은 응답자들 모두가 솔직한 답변을 제공할 수 있도록 설문조사를 미리 테스트하여 피하도록 해야 한다.

앞에 제시된 예에서는 응답자가 네일아트를 하는지에 대한 여부를 알아보는 질문을 미리 묻고 건너뛰기 로직을 사용하여 네일아트를 시술하지 않는 응답자의 경우, 이 응답자들에게 적용되지 않는 질문을 통과하게끔 해야 한다.

바로 고친 질문 예시

1) 네일아트 시술을 받아보신적 있으신가요?

① 예 ② 아니오

2) 어디에서 네일아트하는 것을 선호하나요?
(1번 문항의 ① 예로 대답한 사람만 대답하세요)

① 네일숍 ② 셀프네일 ③ 지인

2) 절대성이 담긴 질문

질문에 절대성이 담긴 어구를 사용하면 응답자들은 유용한 피드백을 제공할 수 없는 입장에 처하게 만든다. 이러한 질문은 통상적으로 예/아니요 옵션이 있거나, '항상', '모든', '매번', '언제나' 등과 같은 어구를 포함한다.

적절하지 않은 질문 예시

예) 항상 저녁을 드십니까?

① 예　　② 아니오

위의 예는 말 그대로 읽으면 어떤 응답자라도 거의 '아니요'라는 답을 하게끔 만든다. 그렇지 않더라도 응답자들 일부는 이 질문을 기회가 된다면 항상 저녁을 먹는지를 묻는 것으로 해석할 수 있다.

절대성이 내포된 완강한 질문을 설문조사에 사용하기에는 지나치게 유연성이 없게 만든다. 대신 질문에는 사람들이 원하는 대로 선택할 수 있는 다양한 옵션이 있어야 한다.

적절한 질문 예시

통상적으로 아침 식사를 하시는 횟수는 일주일에 며칠이나 됩니까?

① 매일　　② 5-6일　　③ 3-4일　　④ 1-2일　　⑤ 보통 아침을 먹지 않음

3) 유도 질문

설문조사 문항을 구성할 때 가장 많이 실수하는 것이 유도 질문이다.

설문조사 질문은 응답자가 주어진 사안의 어느 한쪽으로 관점을 치우치도록 유도하는 방식으로 작성되어서는 안 된다. 이러한 질문에는 일반적으로 중립적이지 않은 어구들이 포함되어 있다.

적절하지 않은 질문 예시

피부의 색소침착 변화는 얼마나 많았습니까?

'많다'라는 단어는 응답자들에게 읽는 즉시 특정의 이미지를 연상시킨다. 질문을 중립적으로 작성하면 유도로 인한 편향이 발생하는 것을 방지할 수 있다.

적절한 질문 예시

피부의 색소침착 변화에 대해 어떻게 표현하시겠습니까?

또한 유도 질문은 질문에 필요하지 않은 사항들을 덧붙이게 되는 원인이 될 수도 있다.

적절하지 않은 질문 예시

염려스러운 고객이라면 클리닉을 시술해야 할까요?

'염려스러운 고객'이라는 어구는 응답자들의 관심을 주제로부터 벗어나게 한다. 이러한 어구보다는 질문에 정말 필요한 사항만을 포함함으로써 집중하도록 해야 한다.

적절한 질문 예시

고객이 염색 시술을 하는 경우 클리닉 시술이 필요하다고 생각하십니까?

4) 명료하지 않은 질문

누가 설문조사에 응답하든지 응답자들에게 혼동을 일으킬 수 있는 두문자어, 기술어 또는 전문용어의 사용을 피하고, 간단명료하며 복잡하지 않은 평상어를 사용해야 한다. 어려운 용어나 개념을 포함해야 하는 경우 정의나 예를 반드시 제공해야 한다. 이렇게 함으로써 누구라도 질문에 수월하게 답변할 수 있다고 확신할 수 있는 것은 물론 설문조사의 완성률을 높일 수 있다.

적절하지 않은 질문 예시

태블릿 PC를 매장에서 사용하고 계십니까?

적절한 질문 예시

태블릿 PC(예: iPad, Android 태블릿)를 매장에서 사용하고 계십니까?

적절하지 않은 질문 예시

이용한 매장의 청결 상태는 어떠했습니까?

적절한 질문 예시

이용한 매장은 얼마나 깨끗했습니까?

일반적으로 이해하기 쉬운 어구를 사용하여 질문을 작성해야 한다. 그러나 일부 표본 그룹이 갖추고 있는 지식 정도는 좀 더 어려운 용어나 개념을 사용하는 것이 더 나은 옵션이 될 수 있다.

예를 들어, 미용전문가 집단에게 설문을 하거나 미용교육자 집단에게 설문을 할 경우에는 미용 관련 전문용어를 사용하는 것이 응답자가 더 이해하기 쉬울 수도 있기 때문이다.

그러므로 설문조사에 대해 응답자들이 심층적인 지식을 갖추고 있는지 생각해 보고 설문을 구성한다면, 설명을 하거나 예를 드는 데 시간을 쓰기보다는 적절한 질문을 작성하는 데 초점을 두어 더 나은 설문조사 질문을 작성할 수 있다.

5) 간격이 균일하지 않는 질문

설문 문항의 항목 간격이 균일하지 않는 설문은 설문자가 많이 하는 오류 중 하나이다.

적절하지 않은 질문 예시

당신의 월 급여는?

① 0~150만 원 이하 ② 150~200만 원 이하

③ 200~300만 원 이하 ④ 300~500만 원 이하

이러한 질문은 금액의 간격이 일정하지 않아 좋지 않은 질문이다. 설문 문항의 항목 간격이 일정하게 구성하는 것이 좋은 설문이다.

적절한 질문 예시

당신의 월 급여는?

① 0~150만 원 이하 ② 150~200만 원 이하 ③ 200~250만 원 이하

④ 250~300만 원 이하 ⑤ 300만 원 이상

6) 기타가 포함된 질문

기타 옵션을 포함한 설문조사 질문은 일반적으로 좋지 않아 최대한 지양해야 된다. 설문조사를 설계할 때는 가능한 한 모든 선택지를 포함하도록 노력하고, 기타 옵션을 사용하는 대신 미리 정해진 선택지를 제공하는 것이 좋다. 이렇게 하면 응답자들이 쉽게 선택할 수 있으며, 설문조사 결과도 더욱 정확해질 것이다.

① **정보를 수집하기 어려움** : '기타' 옵션을 선택한 응답자들은 서로 다른 응답을 제공할 가능성이 크기 때문에, 이 옵션을 선택한 응답자들의 응답을 분석하고 해석하는 것은 어려울 수 있다. 이러한 응답은 설문조사의 목적을 달성하는 데 도움이 되지 않을 수 있다.

② **설문조사 설계에 대한 문제** : 기타 옵션을 사용하는 것은 설문조사 설계에 대한 문제를 일으킬 수 있다. 예를 들어, 기타 옵션에 대한 선택 사항을 명확하게 정의하지 않았다면, 응답자들이 서로 다른 기타 옵션을 선택할 수 있기 때문에 이러한 응답은 분석이 불가능할 수 있다.

③ **설문조사 결과의 신뢰도** : 기타 옵션을 사용하면 응답자들이 다양한 선택을 할 수 있기 때문에, 이러한 선택은 설문조사 결과의 신뢰도를 낮출 수 있다. 이는 설문조사 결과가 적절하지 않거나 부정확할 수 있다는 것을 의미한다.

Memo

미용 | COSMETIC STATISTICS | 통계학

2장

통계 분석의 기초 이론

1 척도의 종류

1) 명목 척도

단순히 분류만 가능하고 서로 수치나 서열을 비교할 수 없는 척도

2) 서열 척도

자료 간의 순서나 서열은 구분 가능하지만 간격 간의 +(더하기), −(빼기) 계산은 불가능

3) 등간 척도

자료 간의 간격이 일정하여 +(더하기), −(빼기) 계산도 가능하지만 절대 0점이 없음

4) 비율 척도

자료간의 간격이 일정하고 절대 영점이 존재하며 ×(곱하기), /(나누기)도 가능

[표 2-1] 척도간에 내포되어 있는 가정

구분	분류	순위	동일간격	절대영점
명목 척도	○	×	×	×
서열 척도	○	○	×	×
등간 척도	○	○	○	×
비율 척도	○	○	○	○

[표 2-2] 척도 유형간의 비교

구분	비교방법 (숫자 부여방법)	평균의 추정	적용가능 분석방법	예
명목 척도	확인, 분류	최빈값	빈도분석 비모수통계 교차분석	성별, 분류, 운동선수 배번, 종류, 존재유무
서열 척도	순위비교	중앙값	서열상관관계	후보자선호순위, 학교성적 석차 사회계층
등간 척도	상대적 크기 비교	산술평균	모수통계	온도, 주가지수
비율 척도	절대적 크기 비교	기하평균 조화평균	모수통계	방송청취율, 구매확률, 투표율, 무게, 소득, 나이, 가격, 생산원가

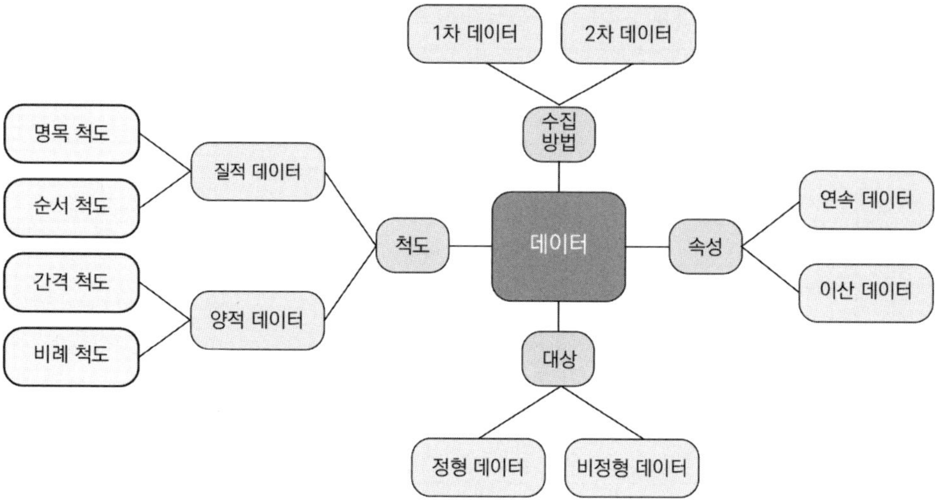
1차 데이터
2차 데이터
수집 방법
명목 척도
순서 척도
질적 데이터
간격 척도
비례 척도
양적 데이터
척도
데이터
속성
연속 데이터
이산 데이터
대상
정형 데이터
비정형 데이터

[그림 2-1] 데이터의 분류

2 정규분포의 기본 이론

1) 이항분포

연속된 n번의 독립적 시행에서 각 시행이 확률 p를 가질 때의 이산확률분포이다. 이러한 시행은 베르누이 시행이라고도 한다. n=1일 때 이항분포는 베르누이분포이다.

베르누이 시행을 n번 반복했을 때 성공이 나타난 횟수를 확률변수 X라고 한다. 이 확률변수를 '이항확률변수(binomial random variable)'라고 한다.

예를 들어, 동전을 한 번 던져 앞면이 나오거나 뒷면이 나오게 하는 것도 이항확률변수이다.

동전을 던지면?

동전 10번을 던졌을 때 앞면이 나오는 횟수와 그에 대한 확률을 구하여 그림 2-2로 표현했다.

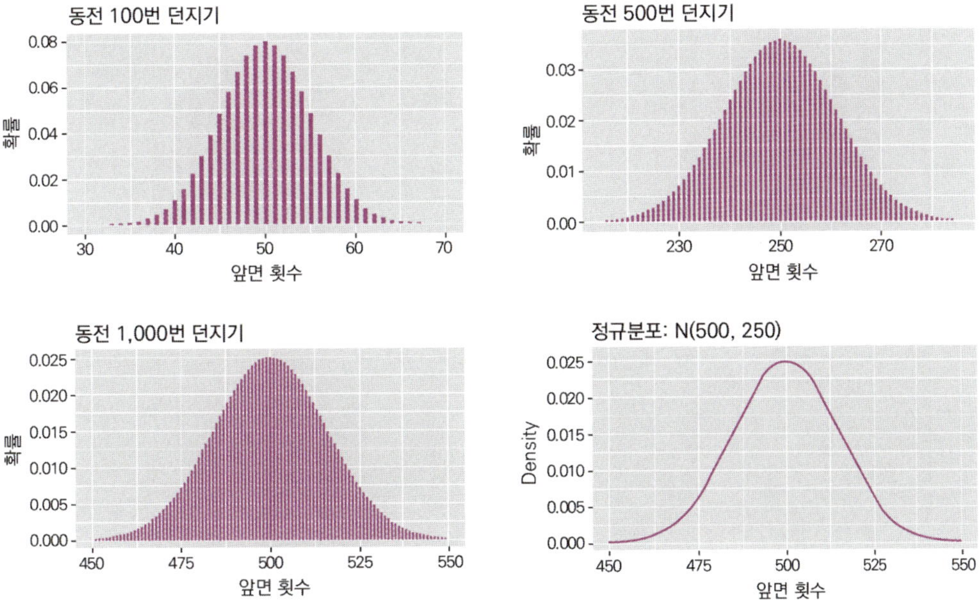

[그림 2-2] 동전을 던졌을 때 앞면과 뒷면이 나올 확률

그림 2-2를 보면 일정한 그래프의 모양이 나온다는 것을 알 수 있다. 동전 던지는 횟수를 늘리면 달라질까? 그래프를 보면 동전을 100번 던져도, 500번을 던져도, 1,000번 던졌을 때의 그래프 모양과 별로 차이가 없는 것을 알 수 있다.

그러나 이 결과에 의문을 가질 수도 있다.

동전던지기는 50 : 50의 확률이므로 100번 던져서 앞면이 40번 나올 확률과 60번 나올 확률은 같을 수밖에 없어 그래프의 모양이 좌우대칭일 수밖에 없다. 그러므로 좌우대칭 효과에 의해 두 그림이 비슷한 것처럼 착시 효과를 보일 수 있다고 생각할 수도 있지 않겠는가? 이런 의문에 답하기 위해 하나의 예를 더 들어 보겠다.

이번엔 주사위를 여러 번 던져서 1이 나오는 횟수를 구해보자. 1이 나올 확률은 1/6로 아까 동전던지기처럼 50 : 50의 확률이 아니므로 그래프는 분명 좌우대칭이 아닐 것이다.

그러면 당연히 아까 동전던지기와 닮은 그림은 될 수 없을 것이라는 생각이 들지 않는가? 주사위 던지는 횟수를 늘려가면서 살펴보면 그림 2-3과 같다.

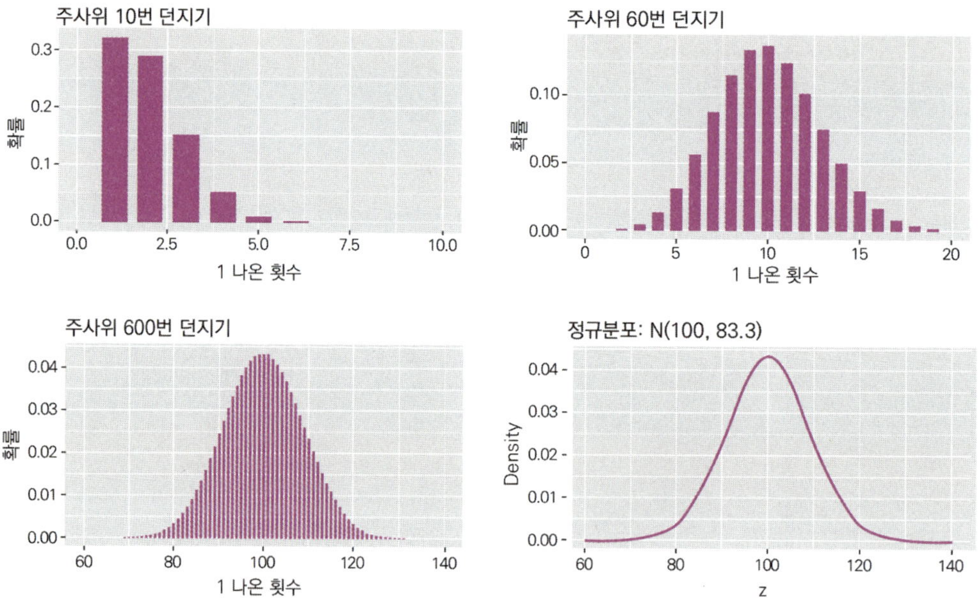

[그림 2-3] 주사위를 던졌을 때의 확률

어떤가? 주사위를 10번 던졌을 때는 동전던지기와는 다른 그래프 모양을 확인할 수 있었으며, 좌우대칭의 느낌도 전혀 없다. 10번 던져서 1이 다섯 번 이상 나올 확률은 거의 없으며, 1이 한, 두 번 나올 확률이 가장 높은 왼쪽으로 치우친 그래프이다.

그러나 60번만 던져도 신기하게 정규분포와 비슷한 모양을 띠기 시작하는 것을 볼 수 있다. 물론 아직까지는 좌우대칭이 아닌 것이 느껴지므로 더 던져보자.

600번 정도를 던지게 되면 그래프가 좌우대칭이 아닌 것을 알아차리기 어려우며 아까 동전던지기의 모양과 구별할 수 없다.

2) 정규분포

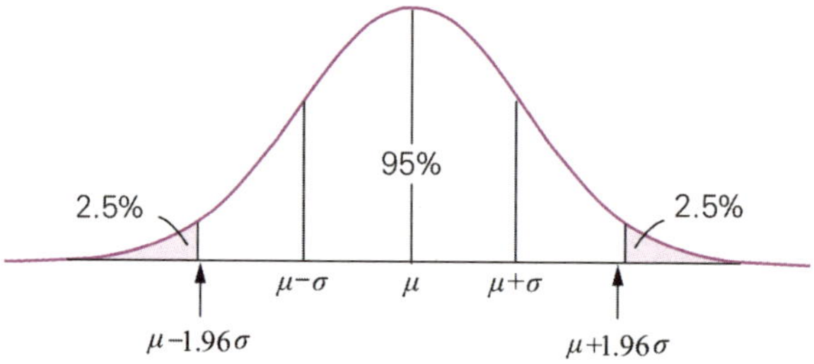

[그림 2-4] 정규분포

정규분포는 우리 주변에서 일반적(normal)으로 발견되는 좌우대칭의 종 모양(bell curve)으로 생긴 분포를 말한다. 가우스분포라고도 한다.

우리 주변의 많은 변수 또는 자료들이 정규분포를 따른다고 알려져 있다. 예를 들어, 대한민국 남자의 키의 분포라던가, 전국 수학능력시험 점수의 분포 등이 정규분포를 따른다고 알려져 있다.

정규분포는 평균값에 가장 많은 데이터가 분포되어 있고, 평균과 떨어질수록 데이터가 적게 분포하는 특징을 가지고 있다.

그런데 각 집단의 평균과 표준편차가 각각 다르기 때문에 데이터들을 서로 비교하기 어렵다는 문제가 생기게 된다.

예를 들어, 과학시험 결과 A, B반의 과학점수 결과가 정규분포를 이룬다고 가정해 본다. 그런데 A반의 경우 평균은 70점에 표준편차가 30점이고, B반의 경우 평균 65점에 표준편차가 10점이라면 두 반 중 어느 반이 더 과학점수가 더 높다고 할 수 있을까?

A, B반 과학점수 데이터의 분포와 모양이 달라서 직관적으로 판단하기 어려울 것이다.

그래서 서로 다른 모수값(평균, 표준편차)을 가진 정규분포를 가진 집단들을 서로 비교하기 위해 정규분포를 표준화하는 방법이 있다. 우리는 이것을 표준정규분포(Standard Normal Distribution)라고 한다.

그렇다면 어떻게 서로 다른 모양의 정규분포를 표준화할까? 정규분포의 평균을 '0'으로, 표준편차를 '1'로 만드는 것이다.

어떻게 평균이 0이고, 표준편차가 1인 표준정규분포를 만들 수 있을까?

우리가 수집한 개별 데이터에서 그 데이터 집단 전체의 평균을 빼고 표준편차로 나누어주면 된다. 개별 데이터에서 전체 데이터의 평균만큼 빼줬기 때문에 개별 데이터들의 평균을 다시 구하면 0이 된다. 쉽게 말해 0으로 수평이동한 것이라고 보면 된다. 그리고 표준편차로 개별 데이터를 나누었기 때문에 그 집단의 표준편차도 1이 된다.

$Z=\frac{X-\mu}{\sigma}$ ⟶ "평균값에서 표준편차의 몇 배 정도 떨어져 있다"는 것을 평가하는 수치

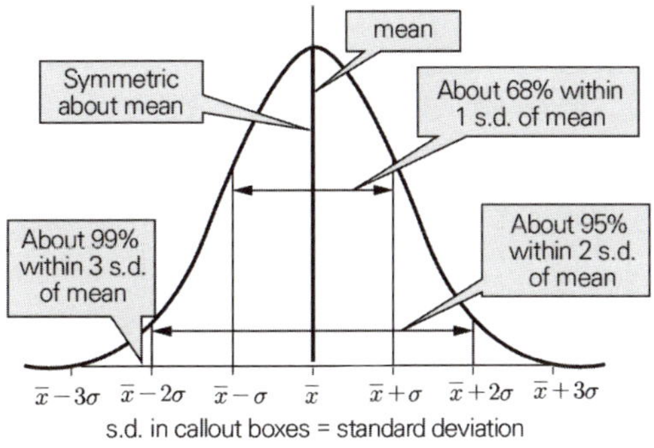

표준편차 ±1배의 범위 내에 약 68% 데이터가 들어감.
표준편차 ±2배의 범위 내에 약 95% 데이터가 들어감.
표준편차 ±3배의 범위 내에 약 99% 데이터가 들어감.

[그림 2-5] 정규분포

정규분포에서 평균과 표준편차의 값에 따라 분포의 모양이 달라지며, 평균값이 변하지 않고 표준편차가 작을수록 분포는 더욱 뾰족한 모양을 띠게 된다. 반대로 평균값이 변하지 않고 표준편차가 클수록 분포는 더욱 평탄한 모양을 띠게 된다.

정규분포는 자연 현상에서 발생하는 많은 데이터들이 정규분포 형태로 분포한다는 중요한 특징을 가지고 있으며, 이러한 특징 때문에 정규분포는 통계학 및 데이터 분석 분야에서 가장 많이 사용되는 분포 중 하나이다.

※ 이항분포와 정규분포의 차이

1. 정의

- 이항분포: 이항분포는 독립적인 n번의 베르누이 시행에서 성공할 확률 p가 일정한 경우, 성공 횟수 k가 따르는 이산형 확률분포이다
- 정규분포: 정규분포는 연속형 확률분포이다 정규분포는 자연 현상의 많은 경우에 적용 가능하다.

2. 확률값

- 이항분포: 이항분포는 확률값이 이산형이며, 0에서 1 사이의 값만을 가진다. 이항분포에서는 성공 횟수 k가 정수로만 나타난다.
- 정규분포: 정규분포는 연속형 변수를 다루므로, 확률값은 실수이며, 양수나 음수가 될 수 있다.

3. 형태

- 이항분포: 이항분포는 이항계수와 근사화를 통해 정규분포에 근사할 수 있지만, 일반적으로 좁은 분포를 가지며, 대부분의 확률값이 중심 근처에 위치한다.
- 정규분포: 정규분포는 종 모양을 띠며, 평균을 중심으로 좌우대칭의 분포를 가진다.

4. 사용

- 이항분포: 이항분포는 성공과 실패의 두 가지 결과가 있는 시행에서 성공 확률과 성공 횟수를 예측하는 데 사용된다. 예를 들어, 동전던지기, 주식시장에서의 이익과 손실, 광고 클릭 수 등을 다룬다.
- 정규분포: 정규분포는 자연 현상에서 발생하는 데이터를 분석하는 데 사용된다. 예를 들어, 인구통계학, 키와 몸무게, 성적 점수 등을 다룬다.

3) 모집단

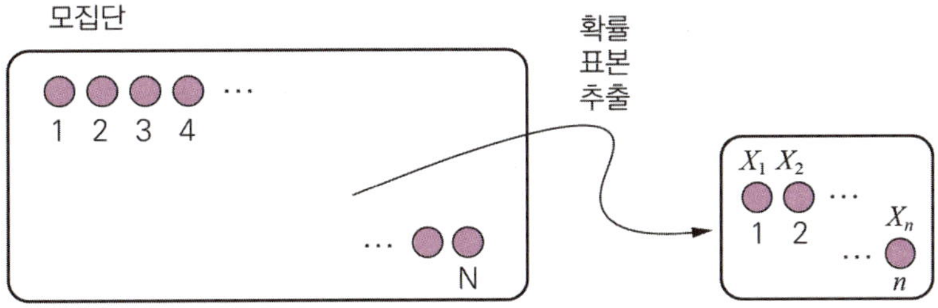

[그림 2-6] 모집단

모집단은 영어로 '인구'라는 의미의 'Population'이다. 모집단을 일반적 의미의 '인구'라고 이해하면 안 된다. 모집단이란 '어떤 통계적 실험의 대상이 되는 모든 대상물'로 정의할 수 있다.

즉, 모집단이란 '연구자가 알고 싶어 하는 또는 다루고 싶어 하는 연구 대상(예 : 대한민국 여성의 키를 조사하고 싶다.)을 구성하는 모든 데이터(예: 대한민국 모든 여성의 키 데이터)'라고 이해하면 된다. 쉽게 말해 내가 조사해서 알고 싶은 실제 대상이라고 할 수 있다.

만약 2023년 수능시험 점수를 다루고 싶다고 한다면 모집단은 2023년 수능시험 점수 데이터라고 볼 수 있다. 여기서 모집단은 '데이터 집단'이므로 어떠한 분포를 이룰 것이다. 여기서 모집단을 구성하는 데이터가 이루는 확률분포를 모집단분포(Population distribution)라고 한다.

(1) 표본의 크기

표본의 크기는 연구의 목적, 변수의 종류, 분석 방법 등에 따라 결정된다. 일반적으로 변수의 수가 많아질수록 표본의 크기도 커져야 한다. 이때 변수 수의 4~5배를 표본의 크기로 추천하는 경우가 있다. 이는 일반적으로 사용되는 규칙 중 하나이다. 하지만 이 규칙이 항상 적용되는 것은 아니며, 연구의 목적, 변수의 종류, 분석 방법 등에 따라 표본의 크기가 달라질 수 있다. 따라서 표본의 크기를 결정할 때에는 연구의 목적, 변수의 종류, 분석 방법 등을 고려하여 적절한 크기를 결정해야 한다. 이를 위해서는 통계적인 계산이 필요하며, 이에 대해서는 통계 전문가나 통계 소프트웨어 등을 이용하여 적절한 표본의 크기를 결정할 수 있다.

(2) G*Power

모집단의 크기를 구하는 프로그램 G*Power

- G*Power 프로그램은 다양한 통계 분석(t검증, F검증, 카이제곱검증, z검증 등)에 대한 최소한으로 요구되는 표본 크기를 계산할 때 많이 사용되는 프로그램이다.
- 효과크기, 유의수준, 검정력, 독립변수의 개수를 입력해주면 필요한 표본 크기를 얻을 수 있다.

논문에 적용 예시

연구대상자의 산출근거는 G-Power(Effect size $f^2$0.15, α err prob 0.05, power(1-β err prob)0.90, number of pridictors 24)를 통해 산출하였다.

G*Power는 통계 분석에서 표본 크기나 효과 크기 등을 계산해주는 무료 통계 소프트웨어이다. 이 프로그램은 다양한 분석 방법에 대한 표본 크기 계산, 검정력(power) 분석, 효과 크기 계산 등 다양한 기능을 제공한다.

G*Power를 이용하여 연구에서 필요한 표본 크기나 검정력(power) 등을 쉽게 계산할 수 있으며, 프로그램 내에서 제공하는 시뮬레이션 기능을 이용하여 표본 크기나 효과 크기 등의 민감도 분석을 수행할 수 있어 연구 설계에 대한 더 나은 이해와 결정에 도움을 준다.

G*Power는 사용하기 쉽고, 자세한 설명과 사용 예제도 제공하기 때문에 통계 분석에 대한 전문 지식이 없는 연구자들도 쉽게 사용할 수 있고, 사용자 인터페이스가 직관적이고 다양한 분석 방법을 제공하므로 연구자들의 다양한 요구에 대응할 수 있다.

주어진 정보를 가지고 G-Power를 사용하여 적정한 표본 크기를 계산하려면 다음과 같은 단계를 따르면 된다.

1. G-Power 소프트웨어를 연다.
2. 분석 유형을 선택한다.
3. 입력 매개 변수를 설정한다.

예시의 경우 다음과 같이 설정한다.

효과 크기 f^2 : 0.15

유의 수준 α(오류 확률) : 0.05

검정력 (1-베타 오류 확률) : 0.90

예측 변수 수: 24

4. "Calculate" 버튼을 클릭하여 계산을 실행한다.
5. 분석결과 연구에서는 최소 000명의 참가자가 필요한지가 나타나게 된다. 이 숫자는 효과 크기, 유의 수준, 검정력 및 예측 변수 수에 따라 달라질 수 있다.

(3) 중심극한원리

중심극한정리(Central Limit Theorem)는 통계학의 기본 개념 중 하나로, 모집단이 어떤 분포를 가지더라도 표본의 크기가 충분히 크다면, 표본 평균이 정규분포를 따른다는 이론이다. 즉, 중심극한정리는 모집단의 분포가 무엇이든지간에 충분히 큰 표본을 추출하면 그 표본의 평균분포는 정규분포에 가까워진다는 것이다. 이는 표본 평균의 분포가 모집단의 분포와는 무관하게 정규분포를 따른다는 것을 의미한다.

중심극한정리는 다양한 통계적 분석에 사용되며, 특히 표본의 크기가 크면 모집단분포를 알지 못해도 표본분포를 이용하여 추론할 수 있게 된다. 이는 대표성 있는 표본 추출을 위해 중요한 개념이며, 많은 통계적 추론 방법의 기초가 된다.

중심극한정리는 모집단의 분포가 어떤 형태를 띠든지 상관없이 표본의 크기가 충분히 크면 표본평균의 분포가 정규분포에 근사하는 것을 말한다.

표본의 크기가 얼마나 커야 중심극한정리가 적용되는지에 대한 일반적인 규칙은 없다. 하지만 일반적으로 표본의 크기가 30 이상이면 중심극한정리가 적용되는 것으로 간주된다. 이는 작은 표본의 경우에는 정규분포에 근사하지 않을 수 있기 때문이다.

그러나 실제로는 모집단의 분포가 정규분포에 가까울수록, 적은 수의 표본으로도 중심극한정리가 적용될 가능성이 높아진다. 따라서 중심극한정리가 적용되는 표본의 크기는 모집단의 분포와 관련이 있다.

또한 중심극한정리는 표본 크기가 커지면 표본 평균의 분산이 줄어들어 정규분포에 더 근사해진다는 특성도 가지고 있다. 따라서 표본 크기가 충분히 크다면 표본 평균의 분포가 모집단분포에 대한 정보를 많이 포함하게 되며, 이를 이용하여 모집단에 대한 추론할 수 있다.

4) 모수

모수는 영어로 'Parameter'라고 한다. Parameter라고 하면 수치의 이미지가 떠오를 텐데 통계에서 모수도 그렇다.

모수란 '모집단의 특성을 나타내는 수치'로 모평균, 모분산, 모표준편차, 모비율, 모상관관계 등이 있다. 다시 말해 모수란 모집단을 구성하는 데이터를 설명하는 수치값이라고 할 수 있다.

모수는 굉장히 중요하며, 우리가 실제로 알고 싶어 하는(추정하고 싶어 하는) 것은 '모집단 데이터'가 아니라 '모집단 특성을 설명하는 모수'이기 때문이다. 예를 들어, 우리는 수능점수 전체 데이터(모집단)를 알고 싶은 것이 아니라 전체 수능점수 평균(모평균) 또는 전체 수능점수 표준편차(모표준편차)를 알고 싶어 하기 때문이며, 모수는 모집단의 특성을 간략하게 설명(기술)해주기 때문이다.

하지만 여기서 문제가 발생하게 되는데 대부분의 모집단 분포는 완전하게 알려진 것이 없기 때문이다. 앞서 예를 든 전체 수능점수는 모집단 분포와 모수를 알 수 있지만, 세상에는 다양한 모집단들이 있고, 그중 어떤 모집단(사실상 대부분)은 분포의 정확한 평균이나 산포도 등을 알 수 없는 경우가 있다.

어떻게 해서든 조사하면 모집단 분포를 알 수 있겠지만 거의 불가능하다. 예를 들면, 어떤 교육연구자가 개발한 학습법 A와 B가 있다고 할 경우, 이 연구자는 학습법 A를 수업에 적용했을 때와 학습법 B를 적용했을 때 학생들의 학습 효과를 알고 싶다고 가정해보자.

여기서 모집단은 무엇일까? 모집단은 학습법 A와 B를 적용했을 때의 모든 학습 효과이다. 굉장히 추상적인 모집단이다. 물론 전 국민에게 학습법을 적용하여 전수조사할 수도 있겠지만, 경제적, 공간적, 시간적 제약으로 인해 거의 불가능하다는 것을 바로 알 수 있다.

그렇다면 우리는 어떻게 모집단의 모수(특성)를 알 수 있을까?

표본을 추출해서 모집단의 모수를 추정할 수 있다. 그러면 어떠한 방식으로 표본을 추출해야 모집단의 모수를 잘 추정할 수 있을까?

모집단을 구성하고 있는 모든 데이터들이 '뽑힐 가능성(확률)을 동등'하게 부여하고, '객관적(어떠한 의도를 가지지 않고)으로 무작위(랜덤) 추출'한 표본이어야 된다. 우리는 이러한 표본을 확률표본

(random sample)이라고 한다.

확률표본이란 동일분포(Identical distribution)와 독립분포(Independent distribution)를 따르는 표본이라고 할 수 있다. 동일분포란 추출한 확률표본이 같은 모집단에서 추출되었다는 뜻이고, 독립분포란 표본을 추출할 때 표본들이 서로 영향을 미치지 않아 같은 확률로 추출되었다는 의미이다.

5) 통계량(Statistics)

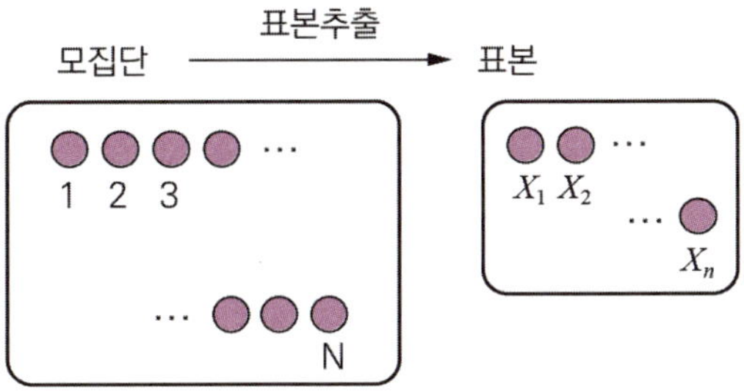

[그림 2-7] 통계량

모수가 모집단분포 특성을 설명하는 값인 것처럼 확률표본의 특성을 설명하는 값이 존재한다. 이것을 통계량(Statistics)이라고 부른다. 통계량에는 표본평균, 표본분산, 표본표준편차, 표본비율, 표본상관관계 등이 있다.

모수(Parameter)와 통계량(Statistics)은 무엇이 다를까? 모수는 모집단이 변하지 않기 때문에 그 값이 변하지 않는다. 반면에 통계량은 표본을 어떻게 추출하느냐에 따라서 그 값이 다르게 나타난다.

즉, 동일한 모집단에서 동일한 수의 표본을 추출하더라도 매번 표본이 달라지기 때문에 각 표본의 통계량(예 평균, 편차값)은 서로 다르게 나타날 수 있다는 것이다.

통계량은 표본을 추출할 때마다 매번 달라지는데 어떻게 매번 변하는 통계량을 가지고 모수를 추정할 수 있을까?

확률변수와 확률분포 개념을 다시 확인해야 한다. 확률변수(Random variable)란 무작위 실험을 했을 때 특정 확률로 발생하는 각각의 결과를 수치값으로 표현한 변수를 말한다. 확률분포(Probability distribution)란 확률변수 X의 모든 값과 그에 대응하는 확률값들의 분포를 말한다.

6) p값(p-value)

p값(p-value)은 통계학에서 가설검정(Hypothesis testing)을 할 때 사용되는 지표 중 하나이다. 가설검정은 어떤 가설이 맞는지 아닌지를 결정하는 과정으로, 통계적으로 유의미한 결과를 내기 위해 사용된다.

p값은 가설검정에서 사용되는 통계량을 이용하여 계산되며, 가설검정에서는 우선 귀무가설(Null hypothesis)과 대립가설(Alternative hypothesis)을 설정하게 된다. 귀무가설은 특정한 가정을 내리는 가설이며, 대립가설은 귀무가설이 거짓인 경우를 나타내는 가설을 말한다.

p값은 귀무가설이 맞을 때 해당 통계량이 나타날 확률을 의미한다. 즉, p값이 작을수록 귀무가설이 맞을 확률이 낮아지며, 대립가설이 더욱 강력해진다. 예를 들어, p값이 0.05라면 해당 통계량이 나타날 확률은 5% 이하로, 귀무가설이 맞을 확률은 5%보다 낮아지게 된다.

일반적으로 p값이 0.05보다 작다면, 귀무가설을 기각하고 대립가설을 채택하게 된다. 즉, 해당 통계량은 우연히 발생한 것이 아니라 유의미한 결과를 보이는 것으로 해석된다. 반대로 p값이 0.05보다 크다면 귀무가설을 채택하고 대립가설을 기각한다.

p값은 통계학에서 가설검정 이외에도 분석 결과를 해석하는 데에도 사용된다. 예를 들어, 두 그룹 간의 평균 차이를 검정할 때, p값을 이용하여 해당 차이가 통계적으로 유의미한 차이인지를 판단할 수 있다.

P값의 * 표기

* = $p < 0.05$

** = $p < 0.01$

*** = $p < 0.001$

통계표에서 * 기호의 개수는 해당 변수 또는 그룹 간에 통계적으로 유의미한 차이가 있는 것을 나타낸다.

보통 * 기호는 유의 수준이 0.05일 때, 해당 변수나 그룹 간에 통계적으로 유의미한 차이가 있다는 것을 나타낸다. 이때 * 기호가 하나 있는 경우는 유의성의 수준이 0.05보다 크지만 0.01보다 작은 경우, * 기호가 두 개 있는 경우는 유의성의 수준이 0.01보다 크지만 0.001보다 작은 경우, * 기호가 세 개 있는 경우는 유의성의 수준이 0.001보다 작은 경우를 나타낸다.

따라서 * 기호의 수가 많을수록 해당 변수나 그룹 간의 차이가 더욱 유의미하다는 것을 나타낸다. 그러나 * 기호의 수만으로 결과를 판단하기보다는 통계적인 분석 결과를 종합적으로 고려하여 판단하는 것이 좋다.

논문에서는 데이터 표에 * 표기가 없을 경우 논문에서는 유의하지 않다로 표기하며, * 표기가 있을 경우 유의한 결과라 표기하게 된다.

생각해보기

특정 지표에 대해 $p<0.05$라는 유의확률을 나타낸 데이터를 해석할 때 "연구자가 주장(예상이 95%, 거의)이 맞다, 귀무가설이 잘못되었다"라고 판단하는 것은 바람직한 것일까?

예를 들어, 유의수준이 0.05일 때 실험자가 실험의 결과로 $p<0.08$이라는 유의확률을 얻었다고 해 본다면 이는 '100번의 실험을 했을 때 92번의 실험이 연구자의 가설대로 재현되었고, 8번의 예외적 경우가 있었음' 정도로 해석할 수 있다.

하지만 p값 그 자체를 맹신하여 가설의 참/거짓을 단순하게 논한다면 어떻게 될까 생각해보자.

p값을 절대적인 잣대로 여겨 데이터를 해석한다면?

유의확률($p<0.07$)이 유의수준(0.05)을 넘어섰으니 '연구자의 대립가설에 오류가 있다, 연구자가 주장하는 지표들 간에 상관성이 없다', '연구자의 가설은 잘못되었다'라고 단정하게 되고,

이는 예로 든 100번 중 92번의 데이터 재현에 성공했던 실험자의 가설에 대해 가설 자체가 잘못되었다라고 무시하게 되는 위험한 결과를 초래하게 된다.

과연 이것이 틀린 것일까?

3 통계 기초 이론

1) 변량(변수, Variable)과 요소(Element)

- 변량(변수) : 조사 대상의 특징이나 성질을 나타내는 문자나 숫자
- 요소(개체, 레코드) : 변량에 대한 실제의 수치(데이터)

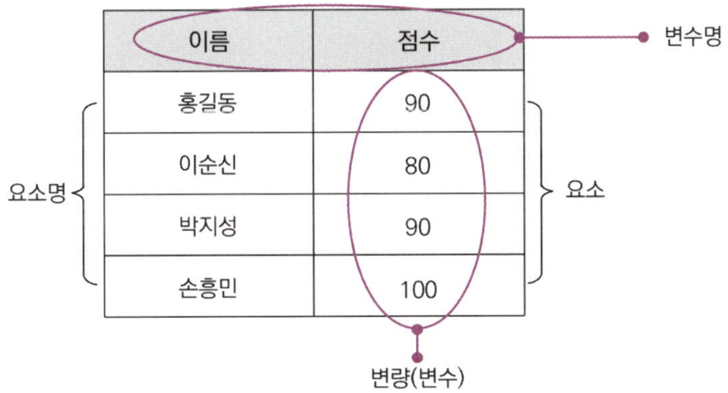

[그림 2-8] 변량과 요소의 예

2) 일변량과 다변량

- 일변량 : 조사항목이 1개인 자료

  예) 개인별 시험 점수

- 다변량 : 비교하고자 하는 조사항목(변량)이 여러 개인 자료

  예) 개인별 키와 체중, 산포도, 레이더 차트

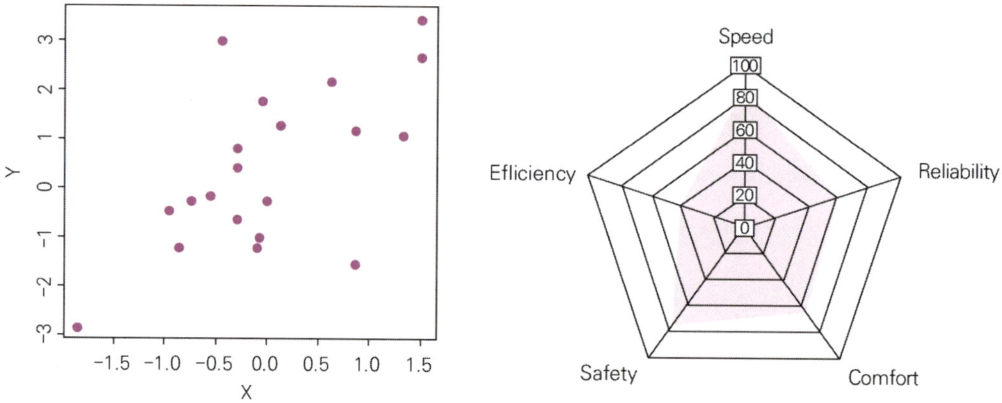

[그림 2-9] 일변량과 다변량의 예

3) 분포(Distribution)

- 많은 요소로 이루어진 자료에서 그 흩어진 상태
- 이 분포를 나타낸 것이 도수분포표
- 분포를 나타내는 그래프 : 히스토그램, 상자수염그램, 줄기 잎 그림 등

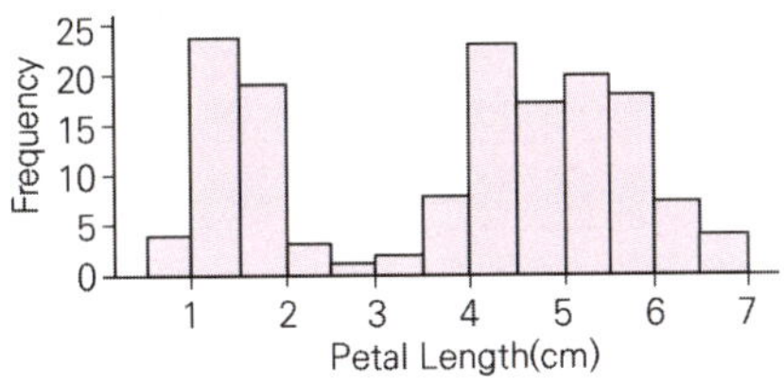

히스토그램

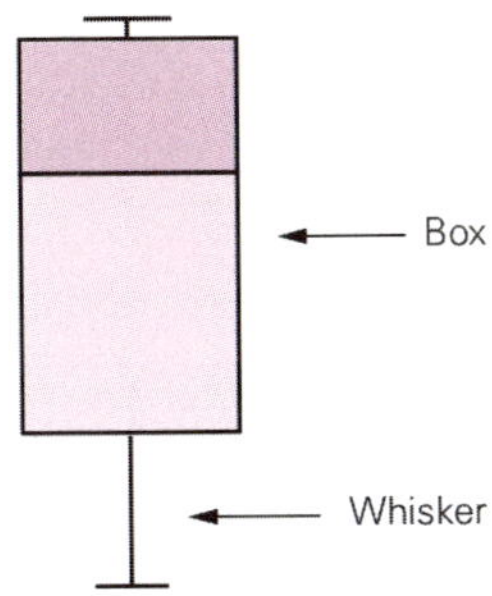

상자수염그림

학생들의 독서량(0|7은 7권)

줄기	잎			
0	7	3	0	1
1	4	6	9	
2	6	3	5	8

[그림 2-10] 분포의 예

4) 도수

- 도수 : 데이터 간의 간격마다의 빈도. 즉, 해당 간격값에 분포한 개수 또는 인원수
- 도수분포표 : 자료를 계급/계급값과 도수로 정리한 표

[표 2-3] 도수분포표의 예

〈자료: 시험성적〉

No	점수
1	90
2	80
3	90
4	100
5	75
6	35
7	80
8	55
9	70
10	60
11	95
12	20
13	65
14	50
15	85
16	70
17	50
18	60
19	30
20	15

〈도수분포표〉

계급(점수)	계급값	도수(명)
0~20 미만	10	1
20~40	30	3
40~60	50	3
60~80	70	6
80~100	90	7
합계		20

- 상대도수 : 전체 도수에서 차지하는 각 계급의 도수 비율. 해당 계급의 도수/총 도수. 상대도수의 합은 자료에 관계없이 항상 1이다.

* 도수의 합이 다른 두 자료를 비교하는 경우에도 상대도수를 비교하는 것이 편리하다.

[표 2-4] 상대도수

계급(점수)	계급값	도수(명)	상대도수
150~160	155	1	0.05
160~170	165	8	0.40
170~180	175	10	0.50
180~190	185	1	0.05
190~200	195	0	0.00
계		20	1

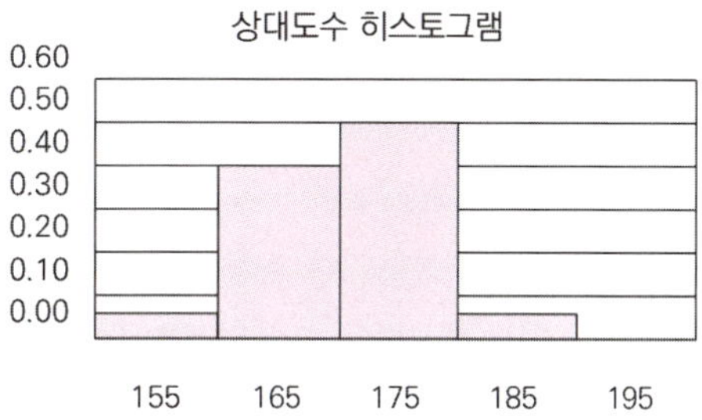

- 누적도수 : 도수를 계속 쌓아가는 것. 도수분포표의 처음 계급부터 어떤 계급까지의 도수를 차례대로 더한 값.
- 누적 상대도수분포 : 누적도수의 비율을 파악

[표 2-5] 누적도수와 누적 상대도수

계급(점수)	계급값	도수(명)	상대도수	누적도수	누적 상대도수
150~160	155	1	0.05	1	0.05
160~170	165	8	0.40	9	0.45
170~180	175	10	0.50	19	0.95
180~190	185	1	0.05	20	1.00
190~200	195	0	0.00	20	1.00
계		20	1		

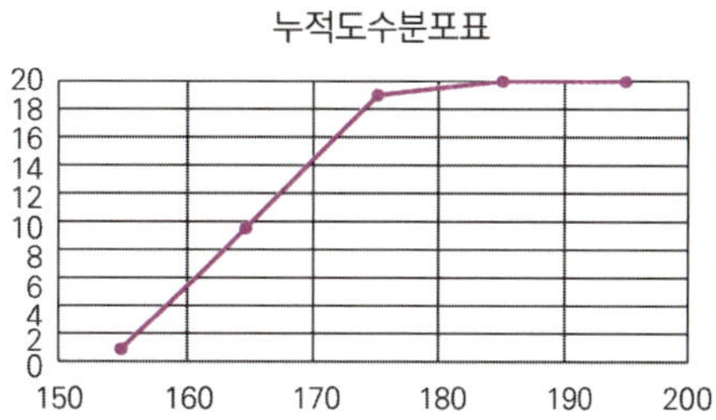

5) 자료의 대표값

- 자료 전체의 중심적인 경향이나 특징을 하나의 수로 나타낸 값이다.

[표 2-6] 대표값

	평균값(mean, average)	중앙값(median)	최빈값(mode)
의미	• 데이터의 크기 합을 데이터 개수로 나눈 값 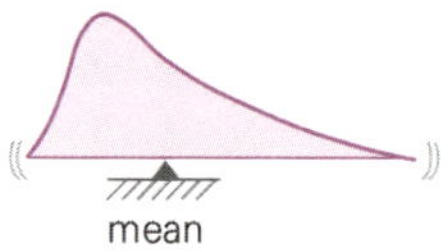 	• 변량의 값을 크기 순으로 늘어놓았을 때 꼭 중앙에 오는 값 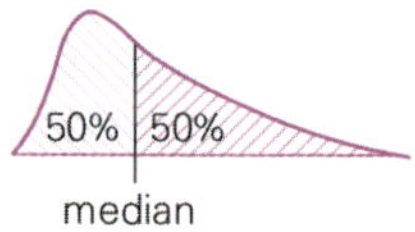 	• 도수(빈도)가 가장 많은 값 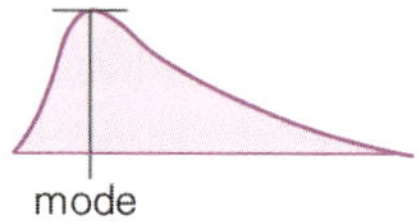
특징	• 일부 이상치에 크게 영향을 받음 • 수학적인 연산에 의해 계산되므로 수학적 조작 가능	• 서열자료의 경우 중앙값 사용 • 이상치 영향 없음	• 명목자료에서는 최빈값이 대푯값 • 이상치 영향 없음
예	• 연간 평균 강우량 • 기말고사 평균점수	• 학교 석차 100명 중 50등	• 유행하는 가방 • 인기투표

6) 분산

- 평균을 기준으로 데이터의 흩어진 정도. 편차가 클수록 분산도 커진다.

Memo

미용 | COSMETIC STATISTICS | 통계학

3장

연구가설의 설정

1 연구가설

1) 연구가설

연구가설은 연구자가 특정한 주장을 하고, 이 주장을 검증하거나 입증하기 위해 설정하는 논리적 추론의 체계이다. 즉, 연구자가 연구하고자 하는 문제나 이론을 바탕으로 설정하는 예상 결과물이나 관계를 표현한 명제이다.

연구가설은 대개 연구 문제를 해결하거나 이론적 배경을 검증하기 위해 설정된다. 이론적 가설은 기존의 이론이나 지식을 바탕으로 설정되는 반면, 경험적 가설은 데이터나 경험적 증거를 바탕으로 설정된다.

연구가설은 연구의 목적과 문제를 정의하고, 이를 검증하기 위한 연구 설계와 방법론을 결정하는 데 중요한 역할을 한다. 가설은 연구의 시작점이며, 데이터 수집과 분석, 연구 결과 해석에 영향을 미친다.

네일아트가 심리적 안녕감과 긍정적인 자아 개념에 영향을 미친다는 이론적 가설이 있다고 가정해보자.

이 가설에 따라 연구자는 네일아트를 한 그룹과 하지 않은 그룹을 비교하여 심리적 안녕감과 긍정적인 자아 개념의 차이를 측정하게 된다. 이를 바탕으로 이론적 가설이 검증되었는지 여부를 판단할 수 있기 때문이다.

2) 연구가설의 설정과정

연구가설을 설정하기 위해서는 연구 문제와 연구 목적을 분명하게 정의하는 것이 매우 중요하다.

① 연구자는 먼저 연구하고자 하는 문제와 이 문제를 해결하기 위한 목적을 명확히 이해해야 한다.

② 이전의 연구나 이론적 배경을 검토하면서 연구가설을 설정하는 것이 좋다.
기존의 연구나 이론을 바탕으로 연구가설을 설정하면, 이론적으로 설명 가능한 현상을 검증할 수 있으며, 연구 결과를 다른 연구들과 비교하거나 이전 연구와의 관계성을 분석하는 데 도움이 된다.

③ 연구가설은 구체적이고 검증 가능한 명제로 설정되어야 한다. 연구자는 가설을 설정할 때 가설이 검증 가능하고 구체적인 예상 결과물이나 상호 관계를 포함하도록 해야 한다.

④ 가설은 가능한 한 간결하고 명확하게 표현하는 것이 좋다.

⑤ 연구가설은 데이터 수집 및 분석을 위한 연구 설계와 방법론을 결정하는 데 중요한 역할을 한다. 연구자는 가설을 설정한 후 이를 검증하기 위한 적절한 연구 설계와 방법론을 선택하고, 연구 결과를 적절하게 해석하는 것이 필요하다.

2 귀무가설(영가설)과 대립가설

영가설과 대립가설은 연구에서 중요한 역할을 한다. 연구자는 연구 목적과 문제를 바탕으로 가설을 설정하고, 이에 대한 영가설과 대립가설을 명확히 설정하여 연구 설계와 분석을 진행하게 된다. 연구 결과가 영가설을 기각할 경우 대립가설을 채택하며, 이는 연구 문제나 이론적 배경을 해결하는 데 큰 도움이 된다.

1) 귀무가설/영가설(Null hypothesis)

귀무가설은 일반적으로 연구자가 기각하고자 하는 가설로, 연구 결과가 우연에 의한 것인지 아니면 통계적으로 유의한 것인지를 판단하는 기준이 된다.

예를 들어, 피부관리가 심리적 안녕감에 영향을 미치지 않는다는 가설이 있다면, 이는 영가설로 설정된다.

영가설은 일종의 "기본 가정"으로 연구자가 가설을 설정하기 전에 이미 존재하는 가설이다.

2) 대립가설(Alternative hypothesis)

대립가설은 연구자가 검증하고자 하는 가설로, 영가설과 반대되는 가설이다.

예를 들어, 위의 예시에서 피부관리가 심리적 안녕감에 영향을 미친다는 가설은 대립가설로 설정된다.

대립가설은 연구자가 검증하고자 하는 가설로, 연구 결과가 대립가설을 지지할 경우 영가설이 잘못된 것으로 판단할 수 있다.

예제로 이해하기

논제 : 미용 관련 제품이 피부 건강에 미치는 영향

귀무가설: 미용 관련 제품은 피부 건강에 영향을 미치지 않는다.

대립가설: 미용 관련 제품은 피부 건강에 영향을 미친다.

논제 : 미용 제품 A와 제품 B의 차이 분석

귀무가설: 미용 제품 A와 제품 B는 다른 효과가 없다.

대립가설: 미용 제품 A와 제품 B는 다른 효과가 있다.

논제 : 미용 관련 제품의 사용 빈도와 피부 건강 상태의 연관성 분석

귀무가설: 미용 관련 제품의 사용 빈도와 피부 건강 상태는 관련이 없다.

대립가설: 미용 관련 제품의 사용 빈도와 피부 건강 상태는 관련이 있다.

논제 : 미용사의 성별에 따른 기술 차이 분석

귀무가설: 미용사의 성별에 따른 기술 차이는 없다.

대립가설: 미용사의 성별에 따른 기술 차이는 있다.

논제 : OO 피부케어 제품이 피부 건강에 미치는 영향

귀무가설: OO 피부케어 제품은 피부 건강에 영향을 미치지 않는다.

대립가설: OO 피부케어 제품은 피부 건강에 영향을 미친다.

풀어보기

논제 : 피부 타입과 스킨케어 제품 선택 요인이 피부 건강 상태에 미치는 영향
귀무가설 :
대립가설 :

논제 : 성별, 나이, 피부 타입 요인이 화장품 구매 행동에 미치는 영향
귀무가설 :
대립가설 :

논제 : 화장품 가격과 브랜드 이미지가 구매 의사결정에 미치는 영향
귀무가설 :
대립가설 :

논제 : 자외선 차단제 사용 빈도와 피부 건강 상태의 상관관계 분석
귀무가설 :
대립가설 :

논제 : 성별, 나이, 라이프스타일 요인이 헤어스타일 선택에 미치는 영향
귀무가설 :
대립가설 :

논제 : 피부 타입과 헤어컬러 선택 요인이 피부와 머리카락 건강에 미치는 영향
귀무가설 :
대립가설 :

논제 : 성별, 나이, 직업 요인이 네일아트 선택에 미치는 영향
귀무가설 :
대립가설 :

3 연구가설의 검증과 분석

1) 연구가설의 검증 절차

다음에 나타낸 연구가설에 따른 검증 절차는 일반적인 통계 논문에 사용되는 검증 절차를 나타낸 것으로, 알기 쉽게 나열한 것일 뿐 절대적인 것은 아니다.

① 가설 설정 : 이론적 배경과 문헌 조사를 바탕으로 연구가설을 설정한다.

② 자료 수집 : 연구 대상을 선정하고 자료를 수집한다.

③ 자료 전처리 : 수집된 자료를 정리하고 전처리를 거쳐 분석에 사용할 수 있는 형태로 가공한다.

④ 변수 선택 : 연구가설과 관련된 변수를 선택한다.

⑤ 분석 방법 선택 : 변수의 특성과 연구가설에 따라 적합한 분석 방법을 선택한다.

⑥ 가설 및 모형 설정 : 선택된 분석 방법을 사용하여 연구가설과 연구모형을 설정한다.

⑦ 가설 및 모형 검증 : 설정된 분석 방법을 통해 연구가설과 연구모형을 검증한다.

⑧ 결과 해석 : 검증된 결과를 분석하고 해석한다.

⑨ 결론 도출 : 분석 결과를 종합하여 결론을 도출한다.

2) 연구가설에 따른 분석 방법

다음에 나타낸 연구가설에 따른 분석 방법은 일반적인 논문에 사용되는 분석 방법을 나타낸 것으로, 알기 쉽게 나열한 것일 뿐 절대적인 것은 아니다. 설문문항이 구분과 종류에 따라 달라지게 되므로 분석 방법 설정 후 나의 논제와 가장 비슷한 선행연구를 참조하여 적합한 분석 방법을 선택해야 한다. 특히 차이 분석의 경우 독립변수의 개수와 문항의 종류에 따라 달라지게 된다.

(1) 논제 : A와 B의 차이 분석

빈도 분석(인구통계학적 특성 등) → t-test → ANOVA(One-way/Two-way)
→ 카이제곱(χ^2)

(2) 논제 : A와 B 요인의 차이 분석

빈도 분석(인구통계학적 특성 등) → 요인 분석(타당도) → Cronbach's α(신뢰도)
→ 상관관계 분석(피어슨) → t-test→ANOVA(One-way/Two-way) → 카이제곱(χ^2)

(3) 논제 : A와 B의 상관관계 분석

빈도 분석(인구통계학적 특성 등) → 요인 분석(타당도) → Cronbach's α(신뢰도)
→ 상관관계 분석(피어슨, 스피어만, 켄달)

(4) 논제 : A와 B, C 간의 상관관계 분석

빈도 분석(인구통계학적 특성 등) → 요인 분석(타당도) → Cronbach's α(신뢰도)
→ 상관관계 분석(피어슨, 스피어만, 켄달, 다변량)

(5) 논제 : A가 B에 미치는 영향

빈도 분석(인구통계학적 특성 등) → 요인 분석(타당도) → Cronbach's α(신뢰도)
→ 상관관계 분석(피어슨) → 회귀 분석(단순)

(6) 논제 : A와 B가 C에 미치는 영향

빈도 분석(인구통계학적 특성 등) → 요인 분석(타당도) → Cronbach's α(신뢰도)
→ 상관관계 분석(피어슨) → 회귀 분석(다중)

(7) 논제 : A와 B의 관계에서 C의 매개효과

빈도 분석(인구통계학적 특성 등) → 요인 분석(타당도) → Cronbach's α(신뢰도)
→ 상관관계 분석(피어슨) → 회귀 분석(A→B) → 회귀 분석(A→C) → 회귀 분석(B→C)
→ 3단계 회귀 분석(매개효과 검증)

(8) 논제 : A와 B의 관계에서 C의 조절효과

빈도 분석(인구통계학적 특성 등) → 요인 분석(타당도) → Cronbach's α(신뢰도)
→ 상관관계 분석(피어슨) → 회귀 분석(A→B) → 위계적 회귀 분석(조절효과 검증)

4 논제에 맞는 연구가설과 연구모형 설정

논제에 맞는 연구가설을 설정하려면 분석 방법에 따라 연구가설을 순서대로 나열해야 한다.

예제 논제1 : 미용서비스 종사자의 직무 스트레스가 직무 만족과
고객지향성에 미치는 영향

[예제 논제1의 올바른 연구가설]

가설1: 미용서비스 종사자의 직무 스트레스는 직무 만족에 정(+)의 영향을 미칠 것이다.

가설2: 미용서비스 종사자의 직무 스트레스는 고객지향성에 정(+)의 영향을 미칠 것이다.

예제 논제2 : 중년 남성의 피부미용 관리가 행복감에 미치는 영향

– 피부관리사의 신뢰성에 따른 조절효과/자기효능감과 자기존중감의 매개효과 분석

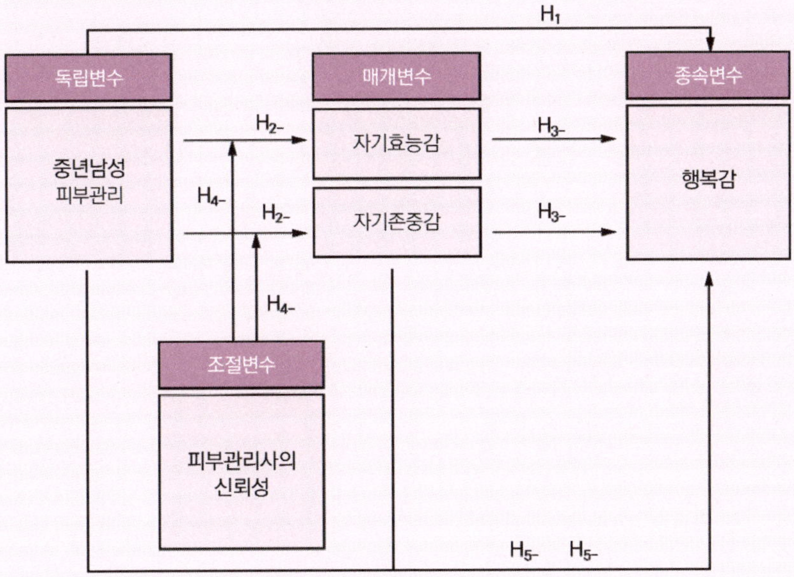

[그림 3-1] 예제 논제 연구모형

[예제 논제2의 올바른 연구가설]

가설 1. 중년 남성의 피부미용 관리는 행복감에 긍정적인 영향을 미칠 것이다.

가설 2. 중년 남성의 피부미용 관리는 자기효능감과 자기존중감에 긍정적인 영향을 미칠 것이다.

2-1. 중년 남성의 피부미용 관리는 자기효능감에 긍정적인 영향을 미칠 것이다.

2-2. 중년 남성의 피부미용 관리는 자기존중감에 긍정적인 영향을 미칠 것이다.

가설 3. 중년 남성의 자기효능감과 자기존중감은 행복감에 긍정적인 영향을 미칠 것이다.

3-1. 중년 남성의 자기효능감은 행복감에 긍정적인 영향을 미칠 것이다.

3-2. 중년 남성의 자기존중감은 행복감에 긍정적인 영향을 미칠 것이다.

가설 4. 중년 남성의 피부미용 관리가 자기효능감과 자기존중감에 미치는 영향은 피부관리사의 신뢰성에 따라 차이가 있을 것이다.

4-1. 중년 남성의 피부미용 관리는 피부관리사의 신뢰성이 높을수록 자기효능감에 긍정적인 영향을 미칠 것이다.

4-2. 중년 남성의 피부미용 관리는 피부관리사의 신뢰성이 높을수록 자기존중감에 긍정적인 영향을 미칠 것이다.

가설 5. 자기효능감과 자기존중감은 중년 남성의 피부미용 관리가 행복감에 미치는 영향을 매개할 것이다.

5-1. 자기효능감은 중년 남성의 피부미용 관리가 행복감에 미치는 영향을 매개할 것이다.

5-2. 자기존중감은 중년 남성의 피부미용 관리가 행복감에 미치는 영향을 매개할 것이다.

논제 :

분석 대상 : 미용실 경영자

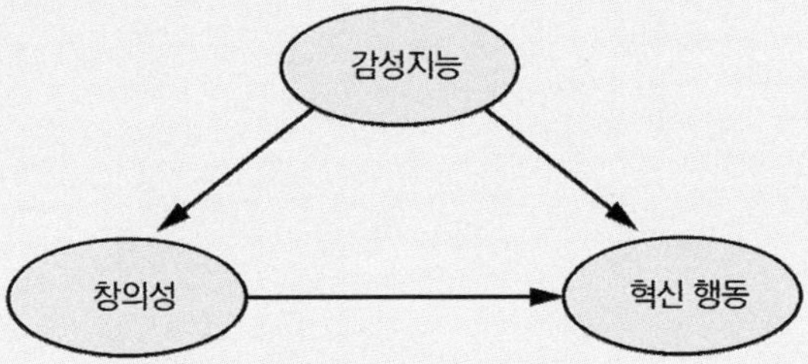

[가설설정]

논제 : 1인 미용실의 관계 혜택이 재방문 의도와 이탈 의도에 미치는 영향에 관한 연구: 고객만족의 매개효과

[연구모형]

[가설설정]

논제 : 미용전공학과의 서비스 스케이프가 재학생의 학업만족도 및 취업인식에 미치는 영향

[연구모형]

[가설설정]

미용 | COSMETIC STATISTICS | 통계학

4장

SPSS를 활용한 통계 분석

목차순서		주요 내용	통계적으로 할 일		
			A가 B에 미치는 영향	A→B에서 C의 매개효과	A→B에서 C의 조절효과
1	서론	• 연구의 필요성 • 연구의 목적 • 용어의 정의			
2	이론적 배경	• 각 변수들에 대한 이론 정리 • 선행연구에서 밝힌 변수들의 관계			
3	연구방법	• 연구 모형 • 연구 대상 • 연구 절차 • 측정도구 및 설문구성 • 분석 방법	1) 빈도 분석(인구통계학적 특성) 2) 요인 분석(측정도구들의 타당도 검사) 3) Cronbach's Alpha(측정도구의 신뢰도 검사)		
4	연구결과 및 해석	• 통계 분석	4) 상관 분석 5) 단순회귀 분석 (A→B)	4) 상관 분석 5) 회귀 분석 (A→B) (A→C) (B→C) 6) 3단계 회귀 분석 (매개효과 검증)	4) 상관 분석 5) 회귀 분석 (A→B) 6) 위계적 회귀 분석 (조절효과 검증)
5	결과 및 논의	• 결론 요약 • 논의 사항 • 제언 사항			

0) 코딩은 기본

4-1) 문항 단위의 검증이 끝나면 요인 단위로 묶어주는 변수 계산을 해줘야 합니다.

1 빈도 분석

데이터값이 얼마인지 손쉽게 확인하기 위한 방법이다. 일반적으로 인구통계학적 특성을 확인할 때 많이 이용된다. 빈도 분석(Frequency analysis)은 주어진 데이터에서 각 변수의 도수분포를 계산하여 변수의 특성을 파악하고, 변수 간의 관계를 알아내는 데 활용된다.

빈도 분석은 이산형 변수나 범주형 변수에 대해 적용할 수 있으며, 변수에 속하는 각 값의 출현 빈도를 계산하여 히스토그램이나 막대그래프 등으로 시각화할 수 있다. 예를 들어, 성별, 학년, 직업 등과 같은 범주형 변수에 대한 빈도 분석을 수행할 수 있다.

빈도 분석의 결과를 통해 변수의 분포 형태, 변수 간의 관련성, 이상치 등을 파악할 수 있으며, 이를 기반으로 다양한 통계적 분석을 수행할 수 있다.

빈도 분석은 데이터를 이해하고 분석하는 기본적인 단계로, 다양한 분야에서 활용된다.

1) 빈도 분석에 사용되는 척도

(1) 명목 척도

(2) 순서 척도

(3) 데이터값의 가짓수가 적은 구간 비율 척도

2) 빈도 분석을 통한 통계 해석

(1) 빈도(N) - 특정한 값이 데이터에서 나타난 횟수

(2) 퍼센트(%) - 전체 중에서 어떤 값이 차지하는 비율

(3) 유효 퍼센트(valid %) - 전체 중에서 해당값이 차지하는 비율을 구할 때, 결측치(missing value)를 제외한 데이터만을 사용하여 계산한 것

결측치가 있을 경우 해당값이 차지하는 비율이 왜곡될 수 있기 때문에, 유효퍼센트를 사용하여 보다 정확한 비율을 계산할 수 있다.

(4) 누적 퍼센트 - 어떤 값보다 작은 값들이 차지하는 비율의 누적합

예를 들어, '그렇다'를 대답한 사람의 누적 퍼센트가 70%라면, 전체 응답자 중 '그렇다'를 대답하거나 '그렇다' + '다른값'을 대답한 사람들의 비율이 70%임을 의미한다. 누적 퍼센트는 분포를 파악할 때 유용하게 사용된다.

3) 빈도 분석의 특성

(1) 도수분포표

데이터를 구간별로 나누어 각 구간에 속하는 값들의 빈도수를 나타낸 표를 말한다. 구간은 일정한 간격으로 나누거나, 데이터의 값에 따라 구간을 정하게 되며, 도수분포표를 이용하여 데이터의 분포를 쉽게 파악할 수 있다.

계급	빈도수
599	5
799	8
999	6
1199	7
1399	8
1599	11
1799	10
1999	5
기타	0

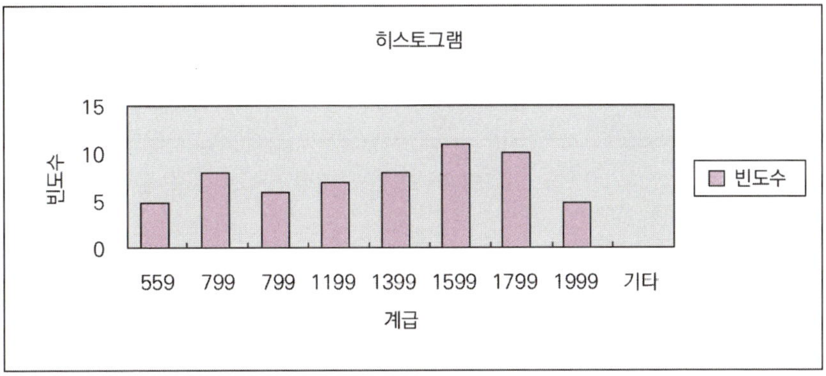

[그림 4-1] 도수분포표

빈도 분석

[데이터집합1]

통계량

키2

N	유효	100
	결측	0

키2

		빈도	퍼센트	유효 퍼센트	누적 퍼센트
유효	150~160	27	27.0	27.0	27.0
	160~170	29	29.0	29.0	56.0
	170~180	24	24.0	24.0	80.0
	180~190	20	20.0	20.0	100.0
	합계	100	100.0	100.0	

[그림 4-2] 빈도 분석 SPSS 통계 결과

[표 4-1] 빈도 분석 설문지 제시 예시

(N=479, %)

	항목	빈도(N)	백문율(%)
성별	남자	57	11.9
	여자	422	88.1
	합계	**479**	**100.0**
연령(만)	20대	53	11.1
	30대	163	34.0
	40대	112	23.4
	50대	107	22.3
	61세 이상	44	9.2
	합계	**479**	**100.0**
결혼 여부	기혼	307	64.1
	미혼	168	35.1
	기타	4	038
	합계	**479**	**100.0**

4) 빈도 분석의 해석

(1) 미용 관련 고등학교 입학 동기

학생이 미용 관련 고등학교에 입학하게 된 동기가 무엇인지에 대한 결과는 표 4-2와 같다.

[표 4-2] 미용 관련 고등학교에 입학하게 된 동기

(단위: 명, %)

구분		빈도(명)	퍼센트(%)
입학 동기	대학진학 때문에	17	5.1
	적성과 관심이 있어서	273	81.7
	성적이 낮아서	21	6.3
	취업을 위한 면허증 때문에	22	6.6
	기타	1	0.3
	계	334	100

'적성과 관심이 있어서'는 81.7%, '취업을 위한 면허증 때문에'는 6.6%, '성적이 낮아서'는 6.3%, '대학진학 때문에'는 5.1%, '기타'는 0.3%로 나타났으며, 기타 0.3%의 응답 중 대부분은 부모님 및 주변의 권유로 나타났다.

(2) 조사대상자의 인구통계적 특성

조사대상자의 인구통계적 특성은 표 4-3과 같다. 성별은 남자가 98명(23.3%), 여자가 322명(76.7%)으로 여자의 비율이 남자의 비율보다 높았다. 연령은 19세 이하가 15명(3.6%), 20~24세가 188명(44.8%), 25~29세가 164명(39.0%), 30~34세가 42명(10.0%), 35세 이상이 11명(2.6%)으로, 20~24세의 비율이 가장 높았다. 학력은 중졸 이하 4명(1.0%), 고졸 151명(36.0%), 전문대졸 221명(52.6%), 대졸 이상이 44명(10.5%)로, 전문대졸의 비율이 가장 높았다. 월 소득은 60만 원 미만이 32명(7.6%), 60~80만 원 미만이 103명(24.5%), 80~100만 원 미만이 39명(9.3%), 100~150만 원 미만이 109명(26.0%), 150만 원 이상이 137명(32.6%)으로 150만 원 이상의 비율이 가장 높았다.

[표 4-3] 조사대상자의 인구통계적 특성

(n=420)

항목		빈도(명)	백분율(%)
성	남	98	23.3
	여	322	76.7
연령	19세 이하	15	3.6
	20~24세	188	44.8
	25~29세	164	39.0
	30~34세	42	10.0
	35세 이상	11	2.6
학력	중졸 이하	4	1.0
	고졸 이하	151	36.0
	전문대졸	221	52.6
	대졸 이상	44	10.5
월 소득	60만 원 미만	32	7.6
	60만 원 이상~80만 원 미만	103	24.5
	80만 원 이상~100만 원 미만	39	9.3
	100만 원 이상~150만 원 이상	109	26.0
	150만 원 이상	137	32.6
합계		420	100

[표 4-4] 조사대상자의 인구통계적 특성

(n=420)

항목		빈도(명)	백분율(%)
직위	원장	21	5.0
	디자이너 실장	33	7.9
	디자이너	199	47.4
	중상	63	15.0
	보조스텝	104	24.8
근속기간	1년 미만	97	23.1
	1년 이상~3년 미만	120	28.6
	3년 이상~5년 미만	84	20.0
	5년 이상~10년 미만	86	20.5
	10년 이상	33	7.9

해석

[표 4-5] 조사대상자의 미용실 선택 요인

구분	내용	빈도(N)	백분율(%)
미용실 형태	프랜차이즈 미용실	113	37.2
	개인 미용실	119	62.8
계		304	100.0
미용실 위치	시내 중심가	102	33.6
	집 근처	128	42.1
	직장 근처	45	14.8
	기타	29	9.5
계		304	100.0
미용실 선택 요인	좋은 기술	85	28.0
	좋은 시설 및 직원과의 친분	30	9.9
	주변 지인의 소개	60	19.7
	편리한 교통	30	9.9
	좋은 서비스	37	12.2
	저렴한 비용	20	6.6
	브랜드 이미지	42	13.8
계		304	100.0
주요 서비스 항목	커트	83	27.3
	컬러	94	30.9
	펌	84	27.6
	스타일링 및 드라이	14	4.6
	두피 및 모발 클리닉	29	9.5
계		304	100.0

해석

[표 4-6] 실험집단 참여 이유

구분		빈도	퍼센트
참여 이유	방과후 수업 관심	14	70.0
	방과후 남는 시간 활용	2	10.0
	학원보다 수강료 저렴	1	5.0
	친구 따라서	1	5.0
	담임선생님 평판이 좋아서	0	0
	부모님과 학교의 권유	2	10.0
	합계	20	100.0

해석

[표 4-7] 일반적 특성

(N=471,%)

항목		합계	
		빈도(N)	퍼센트(%)
성별	남성	202	42.9
	여성	269	57.1
연령	20대	112	23.8
	30대	185	39.3
	40대	105	22.3
	50대	69	14.6
학력	고졸 이하	103	21.8
	전문대(재학생 포함)	142	30.2
	대학교(재학생 포함)	150	31.8
	대원학 이상(재학생 포함)	76	16.2
전체 경력	1년 미만	87	18.5
	1년~5년 미만	174	36.9
	5년~10년 미만	148	31.4
	10년 이상	62	13.2
현 직장에서의 경력	1년 미만	144	30.6
	1년~5년 미만	197	41.8
	5년~10년 미만	81	17.1
	10년 이상	49	10.5
직원 수	5명 미만	42	8.9
	5~10명 미만	183	38.9
	10~15명 미만	129	27.4
	15~20명 미만	60	12.7
	20명 이상	57	12.1
월 평균 수입	100만 원 미만	97	20.5
	100~200만 원 미만	114	24.2
	200~300만 원 미만	151	32.2
	300~400만 원 미만	63	13.4
	400만 원 이상	46	9.7
합계		471	100.0

해석

2 기술통계 분석

기술통계 분석은 요약 통계량을 계산하고 표준화된 변수값들을 데이터 파일에 저장한다. 기술통계 분석의 통계처리 결과는 빈도 분석의 통계량과 거의 유사하다. 그러나 빈도 분석은 이산적 변수값을 다루는데 비해 기술통계 분석은 연속적인 변수값을 다룬다는 점에서 빈도 분석과 다르다.

1) 기술통계 분석에 사용되는 척도

(1) 명목 척도(Nominal scale)

명목 척도는 데이터를 분류하기 위해 사용되는 척도로, 각 데이터를 서로 다른 범주(category)에 할당하여 분류한다. 이때 범주는 이름이나 숫자로 표현될 수 있으며, 각 범주 간의 상호 관계는 존재하지 않는다. 예를 들어, 성별, 종교, 혈액형 등은 명목 척도에 해당한다.

(2) 순서 척도(Ordinal scale)

순서 척도는 데이터를 순서대로 나열할 수 있는 척도로, 각 데이터 간의 순서나 대소 관계를 파악할 수 있다. 하지만 각 데이터값의 차이나 비율에 대한 정보는 알 수 없다. 예를 들어, 학점(A, B, C, D, F)이나 지하철 노선(1호선, 2호선, 3호선 등)은 순서 척도에 해당한다.

(3) 데이터값의 가짓수가 적은 구간 비율 척도(Interval scale)

데이터값의 가짓수가 적은 구간 비율 척도는 일정한 구간 간격을 가지며, 각 데이터의 차이나 비율에 대한 정보를 파악할 수 있는 척도이다. 하지만 데이터의 원점(zero point)이 정해져 있지 않으며, 따라서 절대적인 크기나 양을 비교하는 데는 제한이 있다. 예를 들어, 온도나 시간(분, 초 등)은 데이터값의 가짓수가 적은 구간 비율 척도에 해당한다.

2) 기술통계 분석을 통한 통계 해석

(1) 평균(Mean)

데이터의 중심위치를 나타내는 대표값으로, 모든 데이터값을 더한 후 데이터 개수로 나눈 값

(2) 표준편차(Standard Deviation)

분산의 양의 제곱근으로, 데이터가 평균에서 얼마나 퍼져 있는지를 나타내는 값

(3) 최소값(minimum)

주어진 데이터 집합에서 가장 작은 값

(4) 최대값(maximum)

주어진 데이터 집합에서 가장 큰 값

(5) 빈도수(Frequency)

주어진 데이터에서 각 값이 나타난 횟수를 나타내는 지표이다. 빈도수는 N으로 표기하여 전체 데이터에서 각 값이 나타난 비율을 계산할 때 유용하게 사용할 수 있다.

(6) 분산(variance)

데이터가 평균에서 얼마나 떨어져 있는지를 나타내는 값으로, 각 데이터값에서 평균을 뺀 후 제곱하여 더한 값을 데이터 개수로 나눈 값

(7) 범위(range)

데이터의 최대값과 최소값의 차이를 나타내는 값

(8) 표준오차(Standard Error)

표본에서 추출한 통계량이나 회귀계수의 추정치가 실제 모집단에서의 값과 얼마나 차이가 나는지를 나타내는 지표이다. 즉, 표준오차는 통계적 추정값의 정확성과 신뢰도를 나타내는 지표이다.

(9) 왜도

데이터 분포가 좌우 대칭인지 아닌지를 나타내는 지표이다. 정규분포를 기준으로 왜도가 0인 경우 분포가 좌우 대칭을 이루며, 왜도가 양수인 경우에는 오른쪽으로 치우쳐진 분포를, 음수인 경우에는 왼쪽으로 치우친 분포를 나타낸다. 이는 분포의 중심이 어디에 위치해 있는지를 나타낸다.

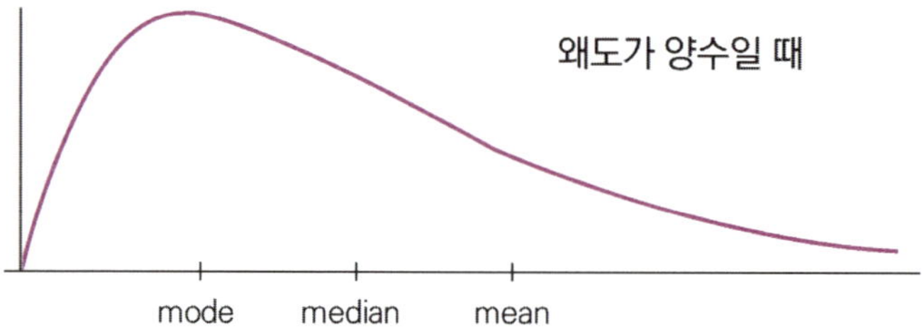

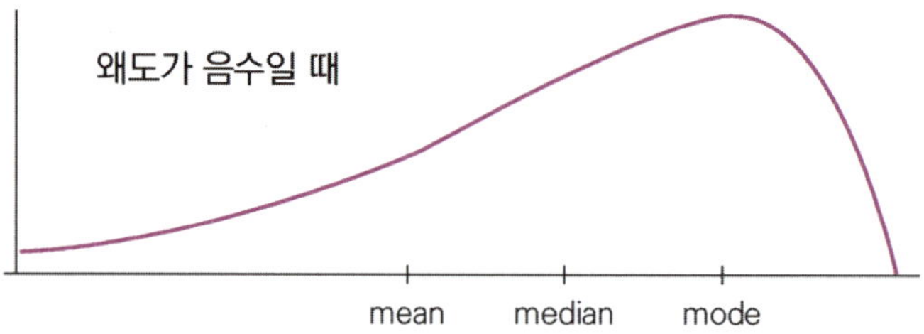

(10) 첨도

데이터 분포의 꼬리 부분이 얼마나 두터운지를 나타내는 지표이다. 정규분포를 기준으로 첨도가 0인 경우, 분포가 정규분포와 비슷한 모양을 이루며, 첨도가 양수인 경우에는 꼬리 부분이 더 두꺼워진 분포를, 음수인 경우에는 꼬리 부분이 더 얇아진 분포를 나타낸다. 이는 분포의 꼬리가 얼마나 빠르게 떨어지는지를 나타낸다.

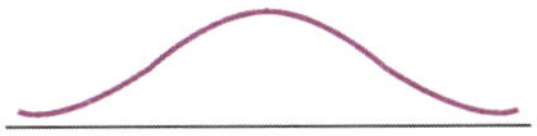

첨도가 음수일 때

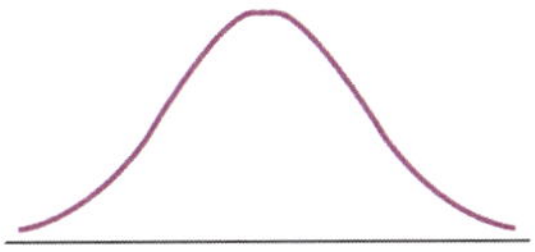

첨도가 0일 때

첨도가 양수일 때

※ 표준편차와 표준오차?

1. 표준편차(SD)

점수집합 내에서 점수들 간의 상이한 정도를 나타내는 산포도 측정 도구, 표준편차가 클수록 평균값에서 이탈한 것, 표준편차가 작을수록 평균값에 근접, 변수값이 평균값에서 어느 정도 떨어져 있는지를 알 수 있다.

2. 표준오차(SE)

표본추출의 과정에서 발생하는 오차와 연관된 것으로 추정량의 정도를 나타내는 측정 도구, 표본평균의 표준편차, 표본이 모집단으로부터 얼마나 떨어져 있는지를 나타내는 것이다.

각 표본들의 평균과 전체 평균 간의 간격, 표준오차가 작을수록 표본의 대표성이 높다.

3) 기술통계 분석의 특성

(1) 도수분포표 - 빈도, 상대적 빈도, 누적 빈도

데이터를 시각화하여 이해하기 쉽게 한다.

기술통계 분석은 그래프나 히스토그램 등을 이용하여 데이터를 시각화하여 보여준다. 이를 통해 데이터의 분포, 이상치 등을 쉽게 파악할 수 있다.

(2) 중심화 - 최빈값, 중앙값, 산술평균

데이터의 중심 경향을 파악한다.

기술통계 분석은 평균, 중앙값, 최빈값 등을 이용하여 데이터의 중심 경향을 파악한다. 이를 통해 데이터의 대략적인 위치를 파악할 수 있다.

(3) 분산도 – 범위, 평균편차, 분산, 표준편차

데이터의 산포도를 파악한다.

기술통계 분석은 분산, 표준편차 등을 이용하여 데이터의 산포도를 파악한다. 이를 통해 데이터가 얼마나 퍼져 있는지를 파악할 수 있다.

(4) 기술통계 분석의 해석

[표 4-8] 기술통계량 분석 SPSS 통계 결과

기술통계량						
	N	최소값	최대값	평균	표준편차	분산
성별	100	1	2	1.49	.502	.252
혈액형	100	1	4	2.17	.933	.870
연령	100	19.0	28.0	22.900	2.4433	5.970
학년	100	1	4	2.57	1.174	1.379
전공	100	1	4	1.89	.863	.745
교제기간	100	1.0	60.0	13.370	13.8569	192.013
유효수(목록별)	100					

해석

[표 4-9] 기술통계 분석 설문지 제시 예시

문항	변인	빈도 N(%)	평균점수	표준편차
헤어스타일 길이 변화로 인한 동안 효과가 있다고 생각하십니까?	전혀 그렇지 않다	0(0)	4.29	.690
	그렇지 않다	2(1.3)		
	보통이다	14(9.3)		
	그렇다	72(47.7)		
	매우 그렇다	63(41.7)		
헤어스타일 볼륨의 위치로 인한 동안 이미지 효과가 있다고 생각하십니까?	전혀 그렇지 않다	0(0)	4.22	.567
	그렇지 않다	0(0)		
	보통이다	117.3()		
	그렇다	95(62.9)		
	매우 그렇다	45(29.8)		
헤어스타일 커트 선에 의한 동안 이미지 효과가 있다고 생각하십니까?	전혀 그렇지 않다	0(0)	4.21	.652
	그렇지 않다	0(0)		
	보통이다	19(12.6)		
	그렇다	80(53.0)		
	매우 그렇다	52(34.4)		

해석

[표 4-10] 미용고 학생들의 직업선택 인식 분석 결과

구분	변인	N(%)	Mean(Std.)
직업을 갖는 이유는 직업을 통해서 성취감을 맛볼 수 있기 때문이다.	전혀 그렇지 않다	10(3.67)	3.54(1.072)
	그렇지 않다	6(4)	
	보통이다	58(38.67)	
	그렇다	45(30)	
	매우 그렇다	31(20.67)	
직업을 갖는 이유는 직업을 통해서 새로운 기술을 익힐 수 있기 때문이다.	전혀 그렇지 않다	7(4.67)	3.74(1.013)
	그렇지 않다	5(3.33)	
	보통이다	44(29.33)	
	그렇다	58(38.67)	
	매우 그렇다	36(24)	
직업을 갖는 이유는 직업을 통해서 사회에 기여할 수 있기 때문이다.	전혀 그렇지 않다	9(6)	3.47(1.157)
	그렇지 않다	19(12.67)	
	보통이다	49(32.67)	
	그렇다	38(25.33)	
	매우 그렇다	35(25.33)	
직업을 갖는 이유는 직업을 통해서 돈을 벌 수 있기 때문이다.	전혀 그렇지 않다	5(3.33)	4.28(1.031)
	그렇지 않다	4(2.67)	
	보통이다	22(14.67)	
	그렇다	32(21.363)	
	매우 그렇다	87(58)	

해석

[**표 4-11**] 미용고 학생들의 직업선택 인식 분석 결과

구분	변인	N(%)	Mean(Std.)
안정적인 직업을 갖는 이유는 경제적인 안정성이 확보되기 때문이다.	전혀 그렇지 않다	4(2.7)	3.98(1.046)
	그렇지 않다	5(3.3)	
	보통이다	44(29.3)	
	그렇다	34(22.7)	
	매우 그렇다	63(42)	
안정적인 직업을 갖는 이유는 내가 입사하기를 원하는 조직에 오랜 기간 공헌할 수 있기 때문이다.	전혀 그렇지 않다	6(4)	3.65(1.043)
	그렇지 않다	6(4)	
	보통이다	62(41.3)	
	그렇다	36(24)	
	매우 그렇다	40(26.7)	
안정적인 직업을 갖는 이유는 새로운 직업을 다시 구할 필요가 없기 때문이다.	전혀 그렇지 않다	7(4.7)	3.67(1.103)
	그렇지 않다	9(6)	
	보통이다	55(36.7)	
	그렇다	35(23.3)	
	매우 그렇다	44(29.3)	
안정적인 직업을 갖는 이유는 가능한 수준까지 나의 기술을 향상시킬 수 있을 것이라는 기대감 때문이다.	전혀 그렇지 않다	8(5.3)	3.75(1.147)
	그렇지 않다	9(6)	
	보통이다	46(30.7)	
	그렇다	36(24)	
	매우 그렇다	51(34)	
계		150(100)	

해석

[표 4-12] 미용실 시설 인테리어 및 대기시간, 고객만족, 재이용 의도의 기술통계

구분	항목	최소값	최대값	평균	표준편차
시설, 인테리어	시설 및 외관은 현대적이고 매력적	1	9	5.57	1.649
	전면적인 실내 인테리어는 우수	1	9	5.61	1.667
	시설, 인테리어의 안락하고 편안함	1	9	5.67	1.644
	실내조명의 편안함	1	9	5.77	1.690
	배경음악의 크기 및 템포는 적절	1	9	5.63	1.850
대기시간	시술 전 기다리는 시간은 적절	1	9	5.51	1.581
	대기시간을 미리 알려주었는지 여부	1	9	5.62	1.830
	대기시간을 줄이기 위한 노력	1	9	5.71	1.756
	대기시간의 잡지, 차 등의 제공	1	9	6.19	1.987
	희망하는 미용시술의 빠른 제공 여부	1	9	5.84	1.683
고객만족	서비스는 기대했던 것 이상	1	9	5.28	1.683
	서비스는 나의 욕구를 충족	1	9	5.40	1.727
	전면적인 서비스품질에 대한 만족	1	9	5.58	1.731
재이용 의도	차후 미용실을 이용	1	9	5.62	2.004
	주변 사람들에게 추천	1	9	5.43	2.018
	주변 사람들에게 좋은 점 홍보	1	9	5.53	2.019

해석

[표 4-13] 미용실 유형별 전반적인 대기시간, 시설, 인테리어(분위기) 평가 수준

구분	프랜차이즈 미용실		지역 다점포 미용실		일반 미용실	
	대기시간	시설, 인테리어(분위기)	대기시간	시설, 인테리어(분위기)	대기시간	시설, 인테리어(분위기)
최소기대값	5.47	5.11	5.16	5.18	5.20	5.04
희망값	7.09	6.73	6.38	6.12	6.55	6.40
인식값	6.28	6.19	5.70	5.77	5.55	5.36

해석

3 다중응답 빈도 분석

다중응답(Multiple response) 분석이란 하나의 질문에 응답자가 복수선택을 하여 두 개 이상에 응답할 수 있도록 구성된 문항을 분석할 때 사용한다. 다중응답 분석은 범주형 자료 분석과 이분형 자료 분석으로 구분할 수 있다.

1) 다중응답 빈도 분석에 사용되는 척도

(1) 명목 척도(Nominal Scale)

명목 척도는 데이터를 분류하기 위해 사용되는 척도로, 각 데이터를 서로 다른 범주(category)에 할당하여 분류한다. 이때 범주는 이름이나 숫자로 표현될 수 있으며, 각 범주 간의 상호 관계는 존재하지 않는다. 예를 들어, 성별, 종교, 혈액형 등은 명목 척도에 해당한다.

(2) 순서 척도(Ordinal Scale)

순서 척도는 데이터를 순서대로 나열할 수 있는 척도로, 각 데이터 간의 순서나 대소 관계를 파악할 수 있다. 하지만 각 데이터값의 차이나 비율에 대한 정보는 알 수 없다. 예를 들어, 학점(A, B, C, D, F)이나 지하철 노선(1호선, 2호선, 3호선 등)은 순서 척도에 해당한다.

(3) 데이터값의 가짓수가 적은 구간 비율 척도(Interval scale)

데이터값의 가짓수가 적은 구간 비율 척도는 일정한 구간 간격을 가지며, 각 데이터의 차이나 비율에 대한 정보를 파악할 수 있는 척도이다. 하지만, 데이터의 원점(zero point)이 정해져 있지 않으며, 따라서 절대적인 크기나 양을 비교하는 데는 제한이 있다. 예를 들어, 온도나 시간(분, 초 등)은 데이터값의 가짓수가 적은 구간 비율 척도에 해당한다.

2) 다중응답 빈도 분석을 통한 통계 해석

(1) 빈도(Frequency)

빈도는 특정값이 데이터 내에서 몇 번 등장했는지를 나타내는 통계적 지표이다.

(2) 퍼센트(Percent)

퍼센트는 전체를 100으로 보았을 때의 비율을 나타내는 지표이다. 퍼센트는 분수, 소수 등으로 표현되는 비율을 쉽게 이해하기 위해 사용된다.

3) 다중응답 빈도 분석의 특성

일반 설문 결과와 다르게 0/1, 예/아니오, O, X 같은 2가지의 형태로만 코딩

다중응답 빈도 분석 예시

본인이 좋아하는 색상을 모두 고르시오

① 검정색 ② 파란색 ③ 빨간색 ④ 노란색 ⑤ 하얀색

⑥ 초록색 ⑦ 노란색 ⑧ 분홍색 ⑨ 보라색

	A	B	C	D	E	F	G	H	I	J
1		본인이 좋아하는 색								
2		검정색	파란색	빨간색	노란색	하얀색	초록색	노란색	분홍색	보라색
3	사람1	0	1	1	1	0	0	0	0	1
4	사람2	1	0	0	0	1	1	1	1	0
5	사람3	0	0	0	1	0	0	1	0	0
6	사람4	0	0	1	0	0	1	0	1	1
7	사람5	1	1	0	1	1	0	1	0	0

[그림 4-3] 다중응답 빈도분석 코딩 예시

4) 다중응답 빈도 분석의 해석

[표 4-14] 동안 이미지에 영향을 미치는 얼굴의 골격

단위 : 명(%)

구분	1순위	2순위	3순위	4순위	5순위	가중합
이마	6(4.0)	40(26.5)	24(15.9)	35(23.2)	46(30.5)	378(16.6)
눈	36(23.8)	40(26.5)	28(18.5)	22(14.6)	25(16.6)	493(21.7)
볼	61(40.4)	43(28.5)	25(16.6)	22(14.6)	0(0)	596(26.3)
광대뼈	33(21.9)	14(9.3)	33(21.9)	33(21.9)	38(25.2)	424(18.7)
턱	15(9.9)	14(9.3)	41(27.2)	39(25.8)	42(27.8)	374(16.5)
계	151(100)	151(100)	151(100)	151(100)	151(100)	2265(100)

설문을 하는데 있어 기존 문헌에서 도출한 5가지 종류의 매체를 응답자에게 제시한 후 가장 많이 이용하는 매체에 순서를 매겨 1순위부터 5순위까지 선택하게 하였다. 그리고 각각의 순위에 따른 매체의 빈도를 산출하여 1순위에 5점, 2순위에 4점, 3순위에 3점, 4순위에 2점, 5순위에 1점을 부과하여 가중합을 산출하였다.

표 4-14에 따라 각 매체의 순위별 선택을 살펴보면 이마는 1순위에 6회, 2순위에 40회, 3순위에 24회, 4순위에 35회, 5순위에 46회 선택되었다. 눈의 경우 1순위에 6회, 2순위에 40회, 3순위에 24회, 4순위에 35회, 5순위에 46회 선택되었다. 또한 볼의 경우 1순위에 6회, 2순위에 43회, 3순위에 25회, 4순위에 22회, 5순위에 0회 선택되었다. 광대뼈의 경우 1순위에 33회, 2순위에 14회, 3순위에 33회, 4순위에 33회, 5순위에 38회 선택되었다. 턱의 경우 1순위에 15회, 2순위에 14회, 3순위에 41회, 4순위에 39회, 5순위 42회 선택되었다.

동안 이미지에 영향을 미치는 얼굴의 골격별 가중합을 통하여 빈도를 살펴보면 볼이 총 596점(전체 가중합 중 26.3%)으로 가장 높은 점수를 얻었으며, 눈이 493점(21.7%), 광대뼈가 424점(18.7%), 이마 378점(16.6%), 턱 374점(16.5%) 순으로 나타났다.

[표 4-15] 미용실 이용 세부사항

구분		빈도(N)	퍼센트(%)
미용실 이용 이유 (다중 응답)	쾌적한 미용실 인테리어	105	50.0
	서비스 질이 높아서	157	74.8
	부담없는 가격대라서	90	42.9
	거리가 가깝거나 쉽게 눈에 띄어서	68	32.4
미용실을 주로 이용하는 날	평일	54	25.7
	주말	64	30.5
	공휴일	25	11.9
	요일 관계없이	67	31.9
전체		210	100.0

해석

[표 4-16] 유아 인성교육의 내용

N(%)

항목	빈도 N(%)	항목	빈도 N(%)	항목	빈도 N(%)	항목	빈도 N(%)
타인존중	367(87.0)	공동체 의식	309(73.2)	친절	234(55.5)	정의감	183(43.4)
배려	359(85.1)	인내	278(65.9)	신뢰	219(51.9)	애국심	157(37.2)
질서	343(81.3)	사랑	277(65.6)	용기	216(51.2)	인류애	154(36.5)
책임감	340(80.6)	우정	269(63.7)	친사회성	213(50.5)	전통존중	130(30.8)
정직	330(78.2)	자기이해	259(61.4)	자주성	203(48.1)	친사회적 기술	108(25.6)
협동심	328(77.7)	성실	255(60.4)	관용	200(47.4)	지속가능 발전	99(23.5)
자기존중	315(74.6)	겸손	253(60.0)	타문화 존중	199(47.2)	계	7341 (1739.6)
자기조절	314(74.4)	봉사	241(57.1)	자연애	189(44.8)		

해석

[표 4-17] 중요도에 따른 학습성과 순위 분석 결과

학습성과 중요도	1순위	2순위	3순위	단순합계 (응답수)	가중치 부여 합계(점수)	가중치 순위
전공 관련 지식	44	27	17	88	203	1위
문제 해결력	9	14	8	31	63	5위
비판적 사고력	5	6	5	16	32	11위
협동 정신	2	8	11	21	33	9위
학습 흥미도 증가	5	4	1	10	24	12위
학업 성취도(학점)	11	13	19	43	78	4위
의사소통 능력	3	6	12	21	33	9위
대인관계 능력	25	18	12	55	123	2위
외국어 능력	5	11	6	22	43	7위
컴퓨터 능력		1	2	3	4	13위
자기관리 능력	18	10	13	41	87	3위
프레젠테이션 능력	2	10	19	31	45	6위
리더십 능력	5	6	8	19	35	8위
합계	134	134	133			
무응답			1			

* 가중치는 다중응답자료 분석법에 따라 순위별로 1순위(3점), 2순위(2점), 3순위(1점) 부여하였음.

해석

4 요인 분석

요인 분석은 변수들의 내재된 상관관계를 이용하여 요인을 구하고, 이를 이용하여 변수들을 분류하고(변수 그룹에는 원 변수 일부만 포함되어 있다), 그룹에 적절한 의미를 부여하는(그룹 이름 부여) 분석 방법이다.

요인 분석(Factor analysis)은 수집된 많은 변수들을 유사한 항목(공통차원)들끼리 묶어 적은 수의 요인으로 축소시키는 분석 방법이다. 요인 분석에서는 독립변수와 종속변수가 없으며, 모든 변수들간의 관계를 분석함으로써 변수들의 토대를 이루는 요인을 발견한다.

요인 분석은 어떤 변수들간의 잠재요인(Latent factor)이 있어 개별 변수들을 설명하고 있음을 통계적으로 도출하며, 변인들 간의 상관관계를 이용하여 서로 유사한 변인들끼리 묶어주는 방법이다.

[표 4-18] 요인 분석의 목적

요인 분석의 목적	
자료의 요약	여러 개의 변인들을 몇 개의 공통된 집단으로 묶음으로써 자료의 복잡성을 줄이고 정보를 요약하는데 이용
변인구조 파악	여러 개의 변인들을 동질적인 몇 개의 요인으로 묶어줌으로써 변인들 내에 존재하는 상호독립적인 특성을 발견하는데 이용
불필요한 변인의 제거	변인군으로 묶이지 않은 변인을 제거함으로써 중요하지 않은 변인 선별 가능
측정 도구의 타당성 검증	동일한 개념을 측정한 변인들이 동일한 요인으로 묶이는지 여부를 확인함으로써 측정도구의 타당성을 검증하는데 이용

[표 4-19] 요인 분석에 사용되는 용어

변수 (variable)	분석에 적용하고자 하는 내용을 포함하고 있는 데이터
요인 (factor)	서로 상관계수가 높은 변수들끼리 모아서 작은 수의 변수집단으로 나눈 것
요인적재값 (factorloading)	변수들과 요인간의 상관계수로 요인적재값의 제곱은 해당 변수가 요인에 의하여 설명되는 분산의 비율을 나타냄
요인행렬 (factormatrix)	각 요인들에 대한 모든 변수들의 요인적재값을 모아놓은 행렬
공통성 (communality)	여러 요인에 의하여 설명될 수 있는 한 변수의 분산의 양을 백분율로 나타낸 것 어떤 변수에 대하여 추출된 요인들에 의하여 그 변수에 담겨진 정보(분산)를 얼마나 표현할 수 있는가를 나타내는 비율
고유값 (eigenvalue)	각각의 요인으로 설명할 수 있는 변수들의 분산 총합으로 각 요인별로 모든 변수의 요인적재값을 제곱하여 더한 값 변수 속에 담겨진 정보(분산)가 어떤 요인에 의하여 어느 정도 표현될 수 있는가를 말해주는 비율로, 먼저 추출된 요인이 고유값은 항상 다음에 추출되는 요인의 고유값의 값보다 큼

1) 요인 분석의 용도

(1) 데이터의 양을 줄여 정보를 요약하는 경우

(2) 변수들 내부에 존재하는 구조를 파악하려는 경우

(3) 요인으로 묶어지지 않는 변수 중 중요도가 낮은 변수를 제거하고자 하는 경우

(4) 같은 개념을 측정하려고 하는 변수들이 동일한 요인으로 묶이는지 확인하고자 하는 경우

(5) 요인 분석을 통하여 얻어진 요인들을 회귀 분석이나 판별 분석에서 설명변수로 활용하고자 하는 경우

2) 요인 분석에 사용되는 척도

(1) 등간 척도(Interval Scale)

등간 척도는 일정한 간격을 가진 척도로, 숫자의 크기나 차이에 의미가 있는 척도이다. 등간 척도는 데이터 간의 차이나 비교를 수행할 수 있으며, 주로 평균이나 표준편차 등의 통계 분석에 사용된다.

(2) 비율 척도(Ratio Scale)

비율 척도는 등간 척도와 마찬가지로 숫자의 크기나 차이에 의미가 있는 척도이지만, 절대적인 원점(Zero point)이 존재하는 척도이다. 이는 어떤 값이 0일 때 이 값이 아예 존재하지 않는 것을 의미한다. 예를 들어, 길이나 무게는 비율 척도에 해당한다. 비율 척도는 데이터 간의 차이와 비교뿐만 아니라 비율이나 배율을 계산하는 데 사용되며, 주로 비교 연구나 회귀 분석 등에 사용된다.

(3) 연속형 변수(Continuous Variable)

연속형 변수는 등간 척도와 비율 척도에 해당하는 변수로, 무한한 값을 가질 수 있는 변수이다. 예를 들어, 키나 몸무게는 연속형 변수에 해당한다. 연속형 변수는 미세한 차이나 변화를 측정할 수 있으며, 주로 실수로 표현된다. 연속형 변수는 분포나 중심 경향 등을 파악하는데 유용하며, 주로 히스토그램, 상자 그림 등의 시각화 기법을 이용하여 분석하게 된다.

3) 선행조건

(1) 정규분포

(2) 관찰지 상호 독립적

(3) 분산이 같아야 함

(4) 표본수는 최소 50부 이상, 100부 넘는 것이 정상(일반적으로 변수수의 4~5배(보수적), 경우에 따라서 2배)

4) 요인 분석 분류

(1) 분석 대상에 따른 분류

요인 분석을 실시하여 그 관계를 알려는 대상이 변수인지 혹은 표본인지에 따른 분류

① R-type 요인 분석

변수 간의 상관관계를 기반으로 요인을 추출하는 방법론이다. 이 방법론은 변수들 간의 상관관계를 높이는 방향으로 요인을 추출하며, 분석 결과로 추출된 요인들은 서로 독립적인 요인들이 아니라 상호 관련된 요인들이다.

② Q-type 요인 분석

변수들이 속한 집단 간의 차이를 기반으로 요인을 추출하는 방법론이다. 이 방법론은 변수들을 그룹화한 후, 각 그룹 간의 차이를 최대화하는 방향으로 요인을 추출한다. 즉, 변수들이 속한 그룹 간의 차이를 강조하는 방식으로 요인을 추출한다.

[표 4-20] 요인 분석 분류의 방법론

	R-type 요인 분석	Q-type 요인 분석
분류	변수들간의 상관관계를 이용하여 변수들을 요인으로 분류	표본들을 일정한 기준에 따라 분류

(2) 회전 방법에 따른 분류

요인 분석에서 회전(Rotation)은 요인을 추출한 후에 추출된 요인을 더욱 명확하게 해주는 방법이다. 회전을 통해 추출된 요인들을 직관적으로 이해하기 쉽도록 요인들 간에 상관관계를 최대한 없애는 것이 일반적이다. 이를 위해 요인 축을 새로운 축으로 회전시키는 과정이 필요한데, 이때 직각회전(orthogonal rotation)과 비직각회전(oblique rotation) 두 가지 방법이 있다.

① 직각회전(Orthogonal rotation)

회전된 요인들이 상호독립적인 관계를 가지도록 요인 축을 회전시키는 방법. 이 방법은 요인들 간의 상관관계를 없애고 요인들이 서로 독립적인 요인들이 되도록 만들어주므로, 요인 간에 해석하기 쉽다는 장점이 있다. 대표적인 직각회전 방법으로는 Varimax, Quartimax, Equimax 등이 있다.

② 비직각회전(Oblique rotation)

회전된 요인들이 상호독립적인 관계를 가지지 않는 방법이다. 이 방법은 요인들 간의 상관관계를 유지하며 요인들이 서로 영향을 미치는 경우에 적합하다. 따라서 요인 간에 서로 연관된 경우 요인들 간의 관계를 고려해야 할 때 사용된다. 대표적인 비직각회전 방법으로는 Oblimin, Promax 등이 있다.

(3) 추출 모델에 따른 분류

요인 분석 방법은 자료의 총분산을 구성하는 요소 중 어느 부분을 사용하느냐에 따라 다음과 같은 두 가지로 구성된다.

① 주성분 분석(Principle component analysis)

원래의 변수들의 분산 중 가급적 많은 부분을 설명하는 소수의 요인을 추출하는데 목적이 있고, 공통분산이 크다는 사실을 아는 경우에 적절하다. 주성분 분석의 경우 상관행렬의 대각선에 1이 사용되는데, 이는 모든 분산이 공유된다는 것을 의미하다.

② 공통요인 분석(Common factor analysis)

원래 변수들의 토대가 되는 잠재차원들을 찾아내고, 분산의 구성에 대한 사전지식이 별로 없는 경우에 적절하다.

주성분 분석과 공통요인 분석의 차이

주성분 분석 : 주어진 변수들 간의 상관관계를 이용하여 새로운 변수를 만들어내는 방법이다. 이때 만들어진 새로운 변수는 기존 변수들 간의 선형결합으로 표현된다. 이를 통해 변수들의 구조를 파악하고, 차원을 축소하여 데이터를 설명하기 쉽게 만들 수 있다.

공통요인 분석 : 기존 변수들을 더 적은 수의 공통된 변수로 대체하는 방법이다. 즉, 변수들이 어떤 공통된 요인에 의해 결정되는지를 파악한다. 이때 공통된 요인은 모델링을 통해 추정하며, 이를 통해 변수간의 상관관계를 파악하고, 변수를 축소하여 데이터를 분석하기 쉽게 만들 수 있다.

	주성분 분석(PCA)	공통요인 분석(CFA)
목적	정보의 손실을 최대한으로 줄이면서 수많은 변수를 가능한 한 적은 수의 요인으로 줄이는데 목적이 있음	변수들 간에 존재하는 구조를 파악하는데 목적이 있음
계산절차상의 차이(분산의 사용)	고유분산(variable specific variance) 공통분산(common variance) 오차분산(error variance)	공통분산(common variance)

(4) 분석 목적에 따른 분류

① 탐색적(Exploratory) 요인 분석

- 원래의 방대한 자료를 가능한 한 줄여서 중요한 요인을 추출해내는 데 목적
- 탐색적 요인 분석은 분석 전에 어떤 요인들이 존재하는지, 요인들 간의 상관관계가 어떻게 되는지 등을 사전에 가정하지 않고 데이터에서 요인들을 추출하는 방법으로, 추출된 요인들은 특정한 이론적 배경이나 가정 없이도 적용될 수 있다.

② 확인적(Confirmatory) 요인 분석

- 요인을 추출하기는 하나, 분석의 초점은 추출해 낸 요인들이 과연 원래의 모집단을 대표하고 있는가 하는 것이다.
- 확인적 요인 분석은 이론적 배경이나 가정에 기반하여 데이터의 요인 구조를 검증하고, 가정된 요인 모형과 데이터가 얼마나 일치하는지를 확인하는 것을 목적으로 한다. 분석 전에 특정한 이론적 배경이나 가정을 가지고 요인들 간의 상호작용을 모형화하고, 이를 데이터에 적합시키는 방법이다.
- 확인적 요인 분석의 경우 사전에 관련 문헌의 고찰 등을 통해서 모집단의 성격을 파악할 수 있어야 하며, 앞의 요인 분석의 목적에 언급한 측정 도구의 타당성 검정 등의 예가 이 경우에 속한다고 할 수 있다

탐색적 요인 분석과 확인적 요인 분석의 분석 과정 차이

- 탐색적 요인 분석 : 데이터 내에 존재하는 요인들을 추출하는 과정에서 요인의 수를 결정하는 것이 중요한 과정 중 하나이다. 대개는 초기에 추출된 요인들에 대해 상관관계 행렬, 스크리 플롯(Scree plot) 등을 이용하여 요인수를 결정하게 된다. 그 다음으로 초기 추출된 요인들을 회전(Rotation)하여 각 요인이 어떤 변수들과 관련되어 있는지를 분석한다. 최종적으로는 각 요인들이 어떤 의미를 가지는지를 해석하고, 요인들 간의 상호관계를 분석하여 요인 모형을 정립하게 된다.

- 확인적 요인 분석 : 이론적으로 예상되는 요인들을 사전에 가정하고, 이를 바탕으로 요인 모형을 설정한다. 이후에는 추정된 모형과 실제 데이터의 적합도를 검증하며 모형을 수정하거나 보완한다. 이 과정에서는 요인의 수가 이미 결정되어 있기 때문에, 탐색적 요인 분석보다는 요인수를 결정하는 과정이 단순해지는 특징이 있다.

5) 요인 분석을 통한 통계 해석

[표 4-21] 요인 분석에 사용되는 용어정리

통계량	일변량 기술통계(U)	각 변수들에 대한 평균, 표준편차, 사례수가 제시된다.
	초기해법(I)	초기 커뮤낼리티, 고유치, 설명된 분산의 비율, 초기 요인 분석의 해가 제시된다. 이 해에서는 각각의 변수가 하나의 요인이 된다.
상관행렬	상관계수(C)	분석을 위해 지정된 변수들 간의 상관관계 행렬을 제시한다.
	역 모형(N)	역 상관관계 행렬과 공분산행렬이 제시된다.
	유의수준(S)	상관관계 행렬에서의 계수에 대한 단측 유의수준이 제시된다.
	재연된 상관행렬(R)	관측된 상관계수와 추정된 그들의 잔차 행렬이 제시된다.
	행렬식(D)	상관계수 행렬의 행렬식의 값이 제시된다.
	역-이미지(A)	역-이미지 공분산 행렬과 역-이미지 상관관계 행렬이 제시된다.
	KMO와 Bartlett의 구형성 검정(K)	Kaise-Meyer-Olkin 측도와 Bartlett의 구형성 검정치를 제시한다.

※ KMO와 Bartlett의 구형성 검정(K)

- KMO(Kaiser-Meyer-Olkin) 검정

주어진 변수들이 상호 독립적이지 않을 경우 요인 분석을 신뢰할 수 있는지 여부를 판단하는 검정이다. KMO값은 0부터 1 사이의 값을 가지며, 0.6 이상이면 요인 분석이 적절하다고 판단된다. KMO 검정은 변수들 간의 상관관계를 측정하여 상관관계가 높은 변수들끼리 모아서 요인을 추출할 수 있는지 여부를 판단한다.

- Bartlett의 구형성 검정

변수들 간에 상관관계가 있는지를 검정하여 요인 분석이 적절한지 여부를 판단한다. 구형성이란 변수들 간의 상관관계가 없다는 가정을 의미한다. Bartlett의 구형성 검정은 검정통계량으로 카이제곱 검정을 사용하며, 검정 결과 유의수준이 낮을수록 변수들 간에 상관관계가 있다는 의미이므로 요인 분석이 적절하다고 판단된다.

즉, KMO 검정은 변수들 간의 상관관계를 측정하여 요인 분석이 적절한지를 판단하고, Bartlett의 구형성 검정은 변수들 간에 상관관계가 있는지를 검정하여 요인 분석이 적절한지를 판단한다. 두 검정 모두 요인 분석의 신뢰성을 평가하는 데에 사용되는 검정 방법이다.

요인 분석 수행과정

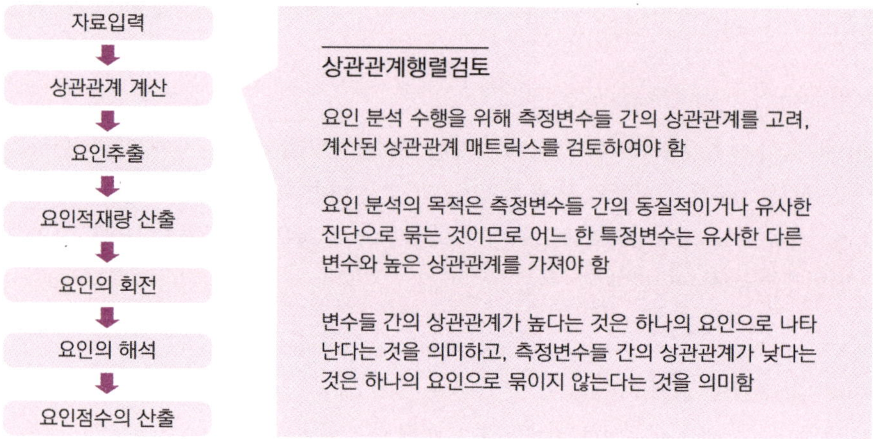

[그림 4-4] 요인 분석 수행과정

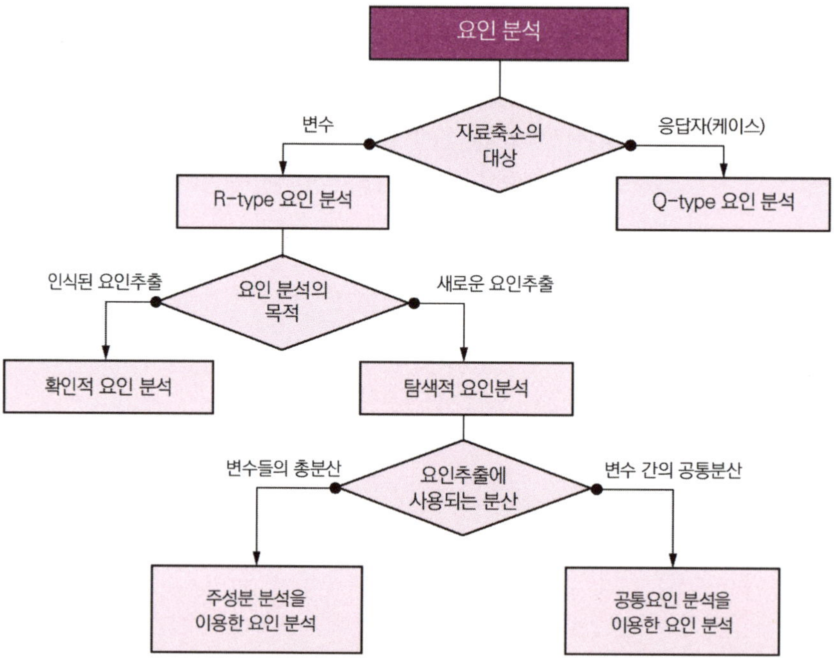

[그림 4-5] 요인 분석의 방법

6) 요인 분석의 분석 방법

주성분 분석법 (Principal component)	- SPSS에서 디볼트로 사용하는 요인 추출 방법으로 데이터 총 분산을 이용하며 가장 널리 사용되는 방법
최소제곱요인추출법 (Leastsquares)	- 공통 요인 분석 방법의 하나로 연구에 사용되는 변수는 모집단이고 대상자가 표본이라고 가정할 수 있을 때 사용된다. - 요인 수에 대한 가설 검정이 가능
최대우도요인추출법 (Maximum likelihood)	- 연구에 사용되는 변수가 모집단 전체이고, 대상자는 모집단의 일부인 표본일 경우에 사용된다. 표본수가 많은 경우 다른 방법보다 우수한 분석결과를 얻을 수 있는 것으로 알려져 있다.
주축요인추출법 (Principalaxis factoring)	- 측정 대상자와 변수가 모두 모집단이기 때문에 그 분석결과는 다른 모집단에 대해 일반화시킬 수 없다. - 많은 표본과 많은 변수와의 관계를 기술하는 것이 목적일 경우에 유용한 방법
알파요인추출법 (Alphafactoring)	- 측정대상자는 모집단이고 변수는 모집단으로부터 추출된 표본이기에 연구목적이 최대우도요인추출법이나 최소 제곱법과는 달리 표본인 변수를 분석하여 얻은 결론을 변수의 모집단에 일반화시킬 수 있는 방법
이미지요인추출법 (Imagefactoring)	- 측정 대상자와 변수가 모두 모집단이기 때문에 그 분석 결과는 다른 모집단에 대해 일반화시킬 수 없다. - 많은 표본과 많은 변수와의 관계를 기술하는 것이 목적일 경우에 유용한 방법

7) 요인 회전

요인 분석의 중요한 개념은 요인의 회전이다.

주성분요인 또는 공통요인에 의해 얻어진 최초 요인행렬은 측정변수들의 분산을 어느 정도 설명할 수 있으나, 대부분 각 변수들과 요인들간의 관계가 명확하게 나타나지 않는다.

회전되지 않는 요인은 단순히 자료를 감축시키는 과정으로 요인들의 중요성에 따라 요인들을 추출하기 때문에 변수의 형태에 따른 의미있는 정보를 얻기 어렵다.

요인 회전의 궁극적인 목적은 요인을 해석하기 쉽고 의미있는 요인패턴을 갖도록 분산을 재분배시키는 과정이다. 요인을 회전시키는 방법에는 직각회전방식(Orthogonal)과 비직각회전방식(Oblique)이 있다.

(1) 직각회전

요인들간의 상관관계가 없다고 가정하고 요인을 회전시키는 방법으로, 각 요인간의 각도를 90° 유지하면서 회전시킨다.

이 방식은 변수들간의 독립성을 유지시키면서 회전, 여기에 Varimax 방식과 Quartimax 방식이 있다.

쿼티멕스 회전 (QUARTIMAX)	- 요인행렬의 행을 단순화시키는 방식 - 한 변수가 어떤 요인에 대해 높은 요인적재량을 가지면 다른 요인에 대해서는 낮은 요인적재량을 갖게 한다. - 단순한 요인구조를 얻는데는 문제가 있는 반면, 많은 변수에 대해 문항 간 높은 적재량을 갖는 변수들의 일반적 요인을 만들어 낼 수 있다.
베리멕스 회전 (VARIMAX)	- 요인 행렬의 열을 단순화시키는 방식으로 대부분 이 방법을 사용한다. - 요인행렬의 각 열에 1 또는 0에 가까운 요인적 재량을 보인다. - 변수와 요인간의 관계가 명확해지고 해석하기에 용이하기 때문에 단순한 요인 구조를 산출할 때 사용한다.
이쿼멕스 회전 (EQUIMAX)	- 쿼티멕스 회전과 베리멕스 회전을 절충한 방법 - 행과 열을 동시에 간략히 하려는 방법이다. - 널리 인정받지 못하고 있고, 따라서 자주 사용되지 않는다.

(2) 비직각회전

이 방식은 요인들간의 상관관계가 있을 경우에 사용한다.

요인간의 각도를 90° 이외의 사각(사선)을 유지하면서 변수를 회전시키는 방법으로, 요인간의 상관관계를 인정하기 때문에 다소 설득력이 떨어지지만 경험적인 근거를 가지고 요인구조를 만들어 낼 수 있기 때문에 사회현상 분석에 많이 사용할 수 있다.

오블리민 회전 (OBLIMAX)	- 분석자가 단순히 이론적으로 더 의미있는 구조 차원을 얻는데 관심이 있다면 사각 회전을 많이 사용한다.
Promax 회전	- 비직각회전 방법 중 하나로, 요인들 간에 상관관계가 존재하는 경우에 적합한 방법이다. 이 방법은 요인 축을 새로운 축으로 회전시키면서, 회전된 요인들 간에 최대한 상관관계가 없도록 하는 것이 목표이다.

8) 요인 분석의 해석

[표 4-22] 미용장의 사회적 위상

사회적 위상 측정 문항	성분		공통성	M	SD
	전문가적 인식	사회적 인식			
나는 미용장 취득 후 공공기관 관련 전문위원으로 배정되었다.	.876	.154	.792	2.81	1.03
나는 미용장 취득 후 전문분야 심사위원에 우선 배정되었다.	.834	.219	.743	3.42	1.04
나는 미용장 취득 후 교육기관에 전문가로서 참여의 기회가 주어졌다.	.832	.257	.759	3.47	0.99
나는 미용장 취득 후 다수의 관련 단체로부터 가입요청을 받았다.	.786	.277	.695	3.33	0.98
나는 미용장 취득이 직장 내 승진에 영향을 주었다.	.725	.325	.631	3.38	0.88
나는 미용장 취득 후 타 업체로부터 연봉인상 및 스카웃 제의를 받았다.	.721	.205	.561	3.00	0.93
나는 미용장 취득 후 고객에게 존중과 인정을 받게 되었다.	.186	.885	.819	4.05	0.73
나는 미용장 취득 후 직장에서 고용주 또는 직원에게 존경을 받게 되었다.	.249	.873	.825	4.04	0.73
나는 미용장 취득 후 사회로부터 직업으로 인정받았다.	.326	.823	.783	3.97	0.81
고유치	4.022	2.586			
설명변량(%)	44.687	28.731			
누적변량(%)	44.687	73.418			
신뢰도 계수 Cronblch's α	0.911	0.879			

사회적 위상에 대한 15개의 문항에 대하여 타당성을 검증하고, 공통요인을 찾아내어 요인 분석을 실시하기에 적절한지 알아보았다. 요인추출법으로는 주성분법(Principle components)을 실시하였으며, 요인 회전과 관련하여 베리멕스 회전을 실시하였다. Bartlett의 단위행렬 점검 결과 1885.307(df=36, Sig.=0.000)이므로 변수들 간에 요인을 이룰만한 충분한 상관관계가 있었다. 또한 KMO값이 0.895로 나타났고, 공통성 점검 결과도 모두 0.561 이상으로 나타나 요인 분석에 문제가 없는 것으로 보인다.

각 요인이 전체 분산에 대해 설명할 수 있는 정도를 나타내는 고유치(Eigen value)는 1 이상을 기준으로 하였다. 또한 다문항 척도로 측정된 문항이 동질적인 문항들로 구성되었는지 신뢰도를 검증하기 위해 문항간의 내적 일치도를 보는 Cronbach's α 계수를 산출하였다. 사회적 위상에 대한 15개 항목에 대하여 요인 분석을 실시한 결과 총 2개의 요인이 도출되었으며, 그 과정에서 요인 내 다른 속성들과 의미상 일치하지 않은 6문항이 제거되었다. 추출된 요인들의 총 설명력은 73.4%이고, 추출된 2개 요인들의 Cronbach's α값은 각각 0.911, 0.879로서 신뢰할만한 수준으로 나타났다. 그리고 각 문항에 대한 평균값을 알아보기 위해 기술통계 분석을 실시하였다. 사회적 위상에 대한 요인 분석 실시 결과와 각 요인의 명명은 표 4-22와 같다.

요인 1(44.6%)은 '나는 미용장 취득 후 공공기관 관련 전문위원으로 배정되었다', '나는 미용장 취득 후 전문분야 심사위원에 우선 배정되었다', '나는 미용장 취득 후 교육기관에 전문가로써 참여의 기회가 주어졌다', '나는 미용장 취득 후 다수의 관련 단체로부터 가입요청을 받았다', '나는 미용장 취득이 직장 내 승진에 영향을 주었다', '나는 미용장 취득 후 타 업체로부터 연봉인상 및 스카웃 제의를 받았다'의로 구성되어 '전문가적 인식'으로 명명하였다.

[표 4-23] 자아개념의 요인 분석

요인	자아개념	요인 1	요인 2
성취자아	- 나는 나의 목적을 달성하기 위해서 열심히 노력한다.	.82	.07
	- 나는 쉽게 포기하지 않는 편이다.	.77	.15
	- 나는 앞으로 새로운 것에 도전하는 것을 즐길 수 있다.	.73	.22
사회자아	- 나는 각종 모임에서 리더 역할을 맡는다.	.10	.80
	- 주위 사람들이 나를 사교적이라고 하는 편이다.	.13	.77
	- 나는 여러 사람들 중에서 특별하게 보이는 것을 즐기는 편이다.	.20	.72
고유치		2.51	1.20
총변량(%)		41.76	19.98
누적변량(%)		41.76	61.74
신뢰도 계수(α)		.70	.68

해석

[표 4-24] 미용 자신감의 타당성 및 신뢰도 검증

구분	성분
	미용 자신감
미용 자신감6	.868
미용 자신감12	.857
미용 자신감10	.848
미용 자신감7	.832
미용 자신감11	.812
미용 자신감8	.786
미용 자신감3	.777
미용 자신감9	.772
미용 자신감5	.760
미용 자신감4	.671
미용 자신감2	.639
미용 자신감1	.637
아이젠값	7.217
변량	60.138
누적변량	60.138
Cronbach's Alpha	.938

해석

[표 4-25] 관계 혜택의 차원

관계혜택 측정 문항	성분				공통성
	심리적 혜택	고객화 혜택	사회적 혜택	경제적 혜택	
나는 이 미용실을 이용하는 것이 편안하다.	.815	.341	.063	.131	.803
나는 타 미용실보다 이 미용실을 이용할 때 안심이 된다.	.811	.230	.209	.185	.789
나는 이 미용실의 서비스를 믿는다.	.792	.293	.135	.204	.773
나는 이 미용실의 이용으로 원하는 서비스를 받을 것이라고 믿는다.	.745	.130	.130	.295	.675
나는 이 미용실의 이용이 안전하다고 생각한다.	.678	.358	.311	-.014	.685
이 미용실은 나를 단골 고객으로서 특별한 서비스를 제공해 준다.	.158	.809	.113	.243	.752
이 미용실은 나에게 다른 사람들보다 더 나은 서비스를 제공해 준다.	.241	.791	.114	.171	.726
이 미용실은 나의 취향을 기억하고 서비스를 제공해준다.	.384	.686	.168	-.021	.647
이 미용실은 나에게 다른 사람에 비해 추가 서비스를 더 제공해준다.	.113	.633	.360	.373	.681
이 미용실은 나에게 다른 사람들보다 신속한 서비스를 제공해준다.	.268	.630	.219	.023	.517
이 미용실은 나에게 맞는 다양한 정보(시술정보, 할인정보)를 제공해준다.	.309	.597	.259	-.033	.520
이 미용실의 종업원들은 내 이름이나 직함을 불러준다.	.184	.192	.846	.210	.829
이 미용실 업장의 종업원들은 나를 가족처럼 대한다.	.039	.371	.767	.240	.786
이 미용실의 직원들은 나를 알아본다.	.418	.181	.758	.000	.782
이 미용실을 내가 필요로 하는 서비스를 저렴하게 제공해준다.	.167	.247	.139	.843	.818
이 미용실은 다른 미용실에 비해 가격이 합당하다.	.275	.026	.165	.820	.776
고유치	3.689	3.574	2.404	1.893	
설명변량(%)	23.054	22.336	15.023	11.834	
누적변량(%)	23.054	45.389	60.412	72.246	
신뢰도계수 Cronbach's α	0.903	0.865	0.844	0.790	

해석

5 신뢰도 분석

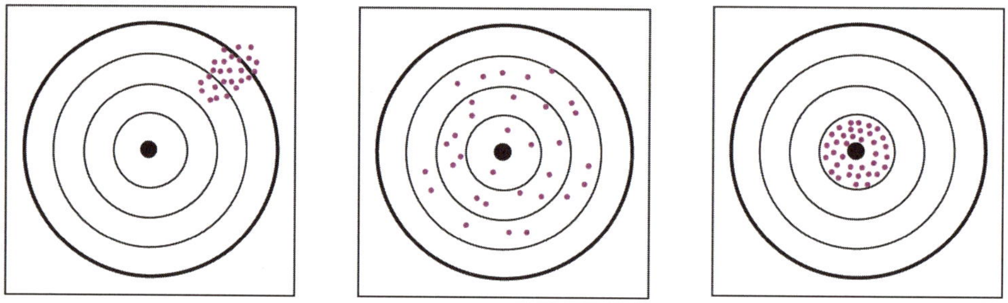

(가) 신뢰할 수 있지만 타당하지 않다 (나) 타당하지만 신뢰할 수 없다 (다) 타당하고 신뢰할 수 있다

[그림 4-6] 신뢰도와 타당도의 관계에 대한 비유

1) 신뢰도란?

반복된 측정에서 어느 정도 동일한 결과를 얻는가를 의미

2) 타당도란?

연구자가 관찰하려고 하는 것을 어느 정도 제대로 관찰하였는가?

(예) 적성검사의 타당도 → 장래의 성공적인 직무 수행 여부를 제대로 측정해 내는가?

3) 크론바흐 알파(Cronbach α)의 이용

Cronbach α(크론바흐 알파)란 신뢰구간을 추정하는 용도를 나타내는 값을 말한다. 0에서 1 사이의 값을 가지며 1에 가까울수록 신뢰도가 높다고 해석된다.

① 설문지의 여러 문항이 얻고자 하는 정보에 잘 접근하고 있다면 → 신뢰도가 높다.

② 요인 분석에서 같은 요인으로 묶인 변수들의 구성이 타당하다. → 신뢰도가 높다.

③ 앞의 경우 → Cronbach α값이 높게 나온다.

[표 4-26] 외모만족도 검사의 하위영역별 문항 구성과 신뢰도계수

하위영역	문항수	문항번호	Cronbach α
외모인식	9	1, 2*, 3*, 4*, 5*, 6*, 7*, 8*, 9*	.83
외모만족	9	10, 11*, 12, 13, 14*, 15*, 16, 17, 18*	.75
신체적 자아개념	14	19, 20, 21*, 22, 23, 24*, 25*, 26*, 27*, 28, 29, 30*, 31, 32	.76
전체	32		.86

*은 역산 처리 문항임

외모만족도는 외모에 대한 중요도, 관심도를 아우르는 개념인 외모인식과 외모에 대한 만족도, 신체적 자아개념을 포함한다(홍미경, 2009). 이를 측정하기 위해 홍미경(2009)이 각 하위영역에 맞는 검사를 선행 연구를 통해 구성하고 초등학교 상황에 맞게 수정한 검사를 일부 수정하여 사용하였다. 예를 들어, 중복된 문항을 삭제하고('나는 내 몸무게에 만족한다'와 중복되는 '나는 현재 내 체중을 좋아한다'를 삭제), 성편파적인 용어가 없도록 일부 수정('예쁘다'와 '잘생기다'를 함께 제시함)하였다. 수정한 문항은 32문항으로 구성되어 있으며, 역산 문항은 1~8, 11, 14, 15, 18, 21, 24~27, 30번이다. '전혀 그렇지 않다(1점)', '다소 그렇지 않다(2점)', '보통이다(3점)', '약간 그렇다(4점)', '매우 그렇다(5점)'의 Likert식 5점 척도이며 각 문항의 합산 점수가 높을수록 외모만족도가 높은 것으로 판단한다.

본 연구에서 하위영역의 신뢰도계수 Cronbach's α값은 외모인식 .83, 외모만족 .75, 신체적 자아개념 .76이며, 전체 신뢰도계수 Cronbach's α값은 .86으로 나타났다.

[표 4-27] 또래지지 척도의 문항 구성 및 신뢰도

하위요인	문항수	문항번호	Cronbach's α
정서적 지지	3	1, 2, 3	.867
정보적 지지	2	4, 5	.681
도구적 지지	2	6, 7	.762
평가적 지지	2	8, 9	.834
합계	9		.929

해석

[표 4-28] 시스템과 정보의 문항 및 신뢰도

요인	문항수	신뢰도(α)	평균	표준편차
시스템의 질	4	.74	3.25	0.65
정보의 질	4	.78	3.58	0.68
시스템 사용능력	3	.72	3.58	0.68
시스템 사용태도	3	.55	3.43	0.65
조직의 지원	3	.71	3.30	0.67
업무성과	7	.91	3.45	0.65

해석

6 t-test(t-검증, t-검정)

t-검증이란 두 집단(예를 들어, 남/여)간에 평균의 차이가 있는가를 검증하는 방법이다. 차이가 있다면 얼마나 있으며, 없다면 얼마 정도의 차이가 나지 않는가를 분석하는 방법이라고 할 수가 있다. 여기서 귀무가설(영가설)을 설정하여 귀무가설이 맞는지 틀리는지를 검증하게 된다.

계산 방법에 의하여 t-검증통계량을 계산하여 두 집단간 표본평균의 차이가 귀무가설 하에 있을 확률, 즉 표본오차로 인해 차이가 발생할 확률(유의확률: P-Value)이 귀무가설을 기각하기로 설정한 유의수준(통상적으로 5%)과 같거나 적다면 귀무가설을 기각하고, 대립가설을 채택하게 된다. t-검증은 크게 2가지로 구분되는데, 독립표본 t-검증과 대응(쌍)표본 t-검증으로 구분할 수 있다.

※ 귀무가설과 대립가설?

귀무가설(영가설)?

귀무가설은 통계학에서 처음부터 버릴 것을 예상하는 가설이다. 차이가 없거나 의미있는 차이가 없는 경우의 가설이며, 이것이 맞거나 맞지 않다는 통계학적 증거를 통해 증명하려는 가설이다. 예를 들어, 범죄 사건에서 용의자가 있을 때 형사는 이 용의자가 범죄를 저질렀다는 추정인 대립가설을 세우게 된다. 이때 귀무가설은 용의자는 무죄라는 가설이다. 통계적인 방법으로 가설 검정을 시도할 때 쓰인다.

대립가설?

귀무가설과 반대되는 가설이다. 연구자가 연구를 통해 입증되기를 기대하는 예상이나 주장하는 내용이다.

t-test의 귀무가설

"두 모집단간의 평균 차이는 없다."

t-test의 대립가설

"두 모집단간에 평균 차이가 있다."

※ 독립변수와 종속변수?

독립변수

다른 변수에 영향을 주는 변수

* 통계 분석에서는 종종 추상화된(의미적인) 대상을 수치화된 변수로 전환시키게 되는데, 이때 변수 명칭 그 자체에 의미를 주는 경우가 많다.

o 원인변수 / 요인변수 / 실험 요인 ➪ 독립변수

- 종속변수에 원인을 야기하는 독립변수

o 조작변수 / 조절변수 ➪ 독립변수

- 독립변수와 종속변수 간에 관계의 방향, 관계의 강도, 영향의 크기 등에 영향을 미치는 변수

o 예측변수 / 설명변수 / 회귀변수 ➪ 독립변수

- 변화를 예측해 보려고, 변화시켜 보는 변수
- 예측에 이용되는 변수

종속변수

다른 변수로부터 영향을 받는 변수

o 반응변수 ➪ 종속변수

- 예측 등을 함에 따라 설명이 되는 변수
- 예측되는 변수

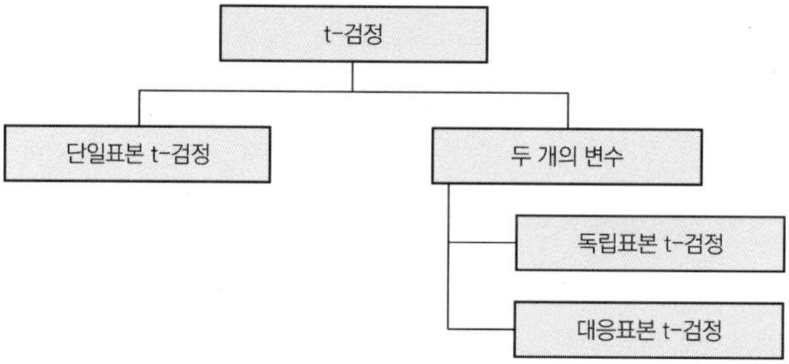

[그림 4-7] t-test의 분석 방법

3) 단일표본(일표본) t-test

표본이 하나일 때 모집단의 평균과 표본집단의 평균 사이에 차이가 있는지를 검증하는 방법이다(집단의 수가 1개).

4) 독립표본 t-test

두 집단의 수가 틀려도 상관이 없으며, 남자와 여자 등과 같이 동일 시점에서 두 집단의 평균을 비교하는 것이다. (집단의 수가 2개) 독립적인 두 집단의 평균의 차이가 0인지를 검정한다.

5) 대응표본 t-test

독립변수 내의 두 집단의 평균점수의 차이가 유의미한지를 검정할 때 사용한다.

실험 이전의 집단과 실험 이후의 집단이 동일한 집단인 경우 사용하는 검정으로 한 사람이 처리 이전과 이후 각 1번씩 측정을 해서 사전/사후를 비교하는 것을 말한다. 모집단이 1개인 경우, 쌍을 이룬 두 변수 간에 차이의 평균이 0인지를 검정한다.

[표 4-29] t-test의 종류

	단일표본 t-test	독립표본 t-test	대응표본 t-test
정의	표본과 모집단의 평균 차이 분석	독립된 두 표본의 평균 차이 분석	짝을 이룬 데이터의 평균 변화의 분석
가정	정규성, 등분산성	정규성, 등분산성	정규성
가설	$H_0 : \mu_A = \mu$ $H_1 : \mu_B \neq \mu$	$H_0 : \mu_A = \mu_B$ $H_1 : \mu_A \neq \mu_B$	$H_0 : \mu_{A-B} = 0$ $H_1 : \mu_{A-B} \neq 0$
비모수	X	Mann-Whitney 검정	Wilcoxon 순위합 부호 검정

6) 독립표본 t-test 예제

[표 4-30] 연령에 따른 SNS 이용 특성, 구매행동, 만족도

			N	M	S.D	t	p
SNS 이용특성	정보유용성	20대	310	2.37	0.659	0.624	0.533
		30대	95	2.32	0.612		
	신뢰공유성	20대	310	3.02	0.734	1.680	0.094
		30대	95	2.88	0.775		
구매행동	브랜드 추구성	20대	310	3.16	0.755	-0.160	0.873
		30대	95	3.18	0.823		
	가격 고려성	20대	310	2.59	0.766	-0.884	0.377
		30대	95	2.67	0.720		
	구매 지속성	20대	310	2.26	0.568	0.753	0.452
		30대	95	2.21	0.654		
	기분 전환성	20대	310	2.74	0.942	-1.979*	0.049
		30대	95	2.95	0.836		
만족도		20대	309	2.40	0.513	0.171	0.864
		30대	95	2.39	0.574		

*: $p < .05$

연령에 따른 SNS 이용 특성, 구매행동, 만족도에 차이가 존재하는지를 검정한 결과 구매행동 중 기분 전환성에서 차이가 존재하였다.

즉, 이동훈(2014)의 연구에서 인구통계학적 특성 중 SNS 이용자의 연령에 대한 결과에서 21~30세에 해당하는 응답자가 62.2%로 나타났다. 본 연구의 설문지 응답자들 역시 여성이라는 점과 비교적 SNS 이용 연령 차이가 덜한 20대, 30대였기 때문에 큰 차이를 보이지 않았던 것으로 해석할 수

있다. 이는 점차 사회·문화적으로 SNS의 영향력이 커지고, SNS 이용 연령층도 점차 확장되고 있으므로 SNS의 뷰티 정보를 다양한 연령층이 접할 수 있는 마케팅의 공간으로 SNS를 많이 이용해야 할 것이다.

그리고 화장품 구매행동에서는 차이가 있었다. 30대가 20대에 비하여 기분 전환성의 정도가 더 높은 것으로 나타났다($t = 1.979$, $p < .50$).

[표 4-31] 개인적 특성에 따른 교육훈련 만족도 차이검증(N = 284)

구분		교육환경		교육내용		교수능력		전체	
		M	SD	M	SD	M	SD	M	SD
성별	(A)남	3.40	.58	3.57	.45	3.64	.53	3.52	.70
	(B)여	3.58	.45	3.72	.49	3.85	.52	3.67	.61
	t	1.626		1.395		1.913*		1.362	
직위	(A)디자이너	3.59	.46	3.66	.48	3.62	.52	3.54	.53
	(B)스텝	3.50	.52	3.67	.46	3.83	.50	3.66	.62
	t	1.073		.036		1.958*		1.368	

* $p < .05$, ** $p < .01$, *** $p < .001$

성별에 따른 교육훈련 만족도 하위변인 및 전체 차이를 검증한 결과, 교수능력에서 여성(M=3.85)이 남성(M=-3.64)보다 높게 나타났으며, 이러한 차이는 유의미하였다($p<.50$). 그러나 교육환경, 교육내용과 전체에서는 유의미한 차이가 나타나지 않았다. 즉, 여성이 남성보다 교수능력을 중요하게 생각함을 알 수 있다.

직위에 따른 교육훈련 만족도 하위변인 및 전체 차이를 검증한 결과, 교수능력에서 스텝(M=3.83)이 다자이너(M=3.62)보다 높게 나타났으며, 이러한 차이는 유의미하였다($p<.50$).

[표 4-32] 일반적 특성에 따른 감정반응 차이

구분		감정반응				전체	
		긍정적 감정반응		부정적 감정반응			
		M	SD	M	SD	M	SD
지역	광주	3.94	.708	2.10	.999	3.93	.690
	전라남북도	4.19	.681	1.80	.838	4.19	.648
	t-value(p)	-3.476**(.001)		-3.122**(.002)		-3.869**(.000)	
성별	남자	4.08	.670	1.96	.879	4.07	.629
	여자	4.07	.709	1.94	.938	4.07	.689
	t-value(p)	.129(.897)		.103(.918)		.028(.978)	

해석

7 ANOVA 분석(분산 분석)

1) ONE WAY ANOVA 분석(일원배치분산 분석)

독립변수가 셋 이상의 범주형 변수이고, 종속변수는 연속형 변수일 때 주어진 조건이 하나인 경우 집단 간 평균 차이를 검증한다.

단일 집단에 조건을 셋 이상으로 달리 하여 조건 간에 평균의 차이가 있는지 검증한다.

(1) 집단간 분산

독립변수에 의해 나누어진 각각의 집단들의 평균이 전체 표본의 평균과 어느 정도 떨어져 있는가를 보여주는 것이다.

(2) 집단 내 분산

집단간 평균의 차이가 있다고 하더라도 집단 내의 개인의 특성에 의한 것일 수도 있기 때문에 각 표본 집단의 평균에 대하여 집단 내의 개별 관측값들이 어느 정도 떨어져 있는가를 보여주는 것이다.

(3) 사후 분석

독립변수에 대하여 어느 조건이 더 좋은 결과를 가져오는지 확인한다.

[표 4-33] 연구변인의 미용실 유형별 차이

연구변인		전체 n=437	1인 미용실 n=75	소형 미용실 n=224	중대형 미용실 n=76	프랜차이즈 미용실 n=62	F값
서비스스케이프	외적 서비스	3.86	3.74 A	3.83 AB	3.95 BC	4.02 C	4.853**
	내적 서비스	4.21	4.28	4.18	4.20	4.25	.926
고객가치	감정적 가치	3.70	3.58 A	3.64 AB	3.86 C	3.84 BC	3.878**
	금전적 가치	4.07	4.14	4.07	4.04	4.01	.663
행동의도		4.05	4.03	4.08	4.01	3.98	.922

**p < .01　　숫자는 평균을 의미함

A, B, C : Duncan 검증결과로 같은 기호는 동질집단을 의미함(C>B>A)

서비스스케이프(외적 서비스, 내적 서비스), 고객가치(감정적 가치, 금전적 가치), 행동의도에 있어서 미용실 유형별(1인미용실, 소형미용실, 중대형미용실, 프랜차이즈미용실)에 의한 차이가 존재하는지 살펴보기 위해, 자료의 정규성과 등분산이 가정되므로 일원배치분산 분석을 실시하였다. 통계적으로 유의한(p<.01) 평균차가 있는 것으로 판단된 연구변인들을 미용실 유형별 정확한 차이 비교를 위해 Duncan-test를 이용하여 사후 분석을 실시하였다. 그 결과는 표 4-33과 같다.

서비스스케이프의 하위요인 외적 서비스는 유의수준(p<.01)에서 미용실 유형별로 통계적으로 유의한 차이가 있는 것으로 나타났고, 내적 서비스는 차이가 없는 것으로 나타났다.

외적 서비스 평균값은 프랜차이즈미용실이 가장 높았으며, 1인미용실이 가장 낮은 것으로 나타났다. 사후 분석 결과 1인미용실과 소형미용실, 소형미용실과 중대형미용실, 중대형미용실과 프랜차이즈미용실은 각각 차이가 없었으나, 1인미용실과 프랜차이즈미용실은 통계적으로 유의한 차이가 있는 것으로 나타났다.

고객가치의 하위요인인 감정적 가치는 유의수준(p<.01)에서 미용실 유형별로 통계적으로 유의한 차이가 있는 것으로 나타났고, 금전적 가치는 차이가 없는 것으로 나타났다.

감정적 가치 평균값은 중대형미용실이 가장 높았으며, 1인미용실이 가장 낮은 것으로 나타났다. 사후 분석 결과 1인미용실과 소형미용실, 소형미용실과 프랜차이즈미용실, 중대형미용실과 프랜차이즈미용실은 각각 차이가 없었으나, 1인미용실과 중대형미용실은 통계적으로 유의한 차이가 있는 것으로 나타났다.

[표 4-34] 일반적 특성에 따른 소명의식

구분	선택	N	천직의식		일 가치잠		목적지향		기여와 헌신동기	
			M	SD	M	SD	M	SD	M	SD
연령	20대	133	4.06	0.67	4.19	0.62	3.76	0.77	3.36	0.69
	30대	89	4.30	0.68	4.39	0.58	3.92	0.69	3.26	0.73
	40대	39	4.49	0.85	4.40	0.83	4.18	0.98	3.44	0.89
	50대	11	4.66	0.46	4.68	0.46	4.50	0.62	3.98	1.05
	합계	272	4.22	0.71	4.31	0.64	3.90	0.79	3.37	0.76
F(p)			6.196(0.000***)		3.560(0.015*)		5.318(0.001**)		3.117(0.027*)	
미용 경력	1년 이내	26	3.77	0.76	4.12	0.70	3.58	0.85	3.45	0.82
	1년 이상~5년 이하	75	4.08	0.63	4.14	0.61	3.79	0.77	3.34	0.63
	5년 이상~10년 이하	53	4.21	0.59	4.35	0.51	3.82	0.64	3.38	0.73
	10년 이상~15년 이하	52	4.29	0.70	4.38	0.62	3.99	0.74	3.21	0.76
	15년 이상	66	4.52	0.77	4.48	0.72	4.16	0.87	3.48	0.88
	합계	272	4.52	0.71	4.31	0.64	3.90	0.79	3.37	0.76
F(p)			6.894(0.000***)		3.410(0.010*)		3.732(0.006**)		1.061(0.376)	
직위	인턴	105	4.06	0.66	4.17	0.61	3.75	0.78	3.36	0.69
	디자이너	44	4.22	0.66	4.37	0.55	3.84	0.68	3.30	0.74
	실장급 이상	67	4.29	0.69	4.33	0.55	3.87	0.69	3.15	0.75
	원장	40	4.52	0.87	4.51	0.83	4.42	0.91	3.76	0.82
	기타	16	4.27	0.66	4.38	0.81	3.91	0.78	3.55	0.81
	합계	272	4.22	0.71	4.31	0.64	3.90	0.79	3.37	0.76
F(p)			3.350(0.011*)		2.402(0.049*)		5.633(0.000***)		4.711(0.001**)	

연구대상자의 일반적 특성에 따른 소명의식은 표 4-34와 같다. 연령에 따라서는 천직의식은 50대(M=4.66), 40대(M=4.49)로 통계적으로 유의하였고(p<0.001), 일 가치감은 50대(M=4.68), 40대(M=4.40)로 역시 유의하였다(p<0.05). 목적지향은 50대(M=4.50), 40대(M=4.18)로 유의한 결과였으며(p<0.01), 기여와 헌신 동기는 50대(M=3.98), 40대(M=3.44)로 이 경과도 유의하게 나타났다(p<0.05).

전반적으로 50대의 소명의식이 가장 높았다. 미용경력에 따라서는 천직의식은 15년 이상(M=4.52), 10년 이상~15년 이하(M=4.29)의 순으로 통계적으로 유의하였다(p<0.001). 일 가치감은 15년 이상(M=4.48), 10년 이상~15년 이하(M=4.38)로 유의하였고(p<0.05), 목적지향 역시 15년 이상(M=4.16), 10년 이상~15년 이하(M=3.99)로 유의한 결과였다(p<0.01). 기여와 헌신 동기는 15년 이상(M=3.48)이 가장 높았지만 유의하지는 않았다. 직위에 따라서는 천직의식은 원장(M=4.52), 실장급 이상(M=4.29), 일 가치감은 원장(M=4.51), 기타(M=3.91)로 유의하게 나타났고(p<0.001), 기여와 헌신 동기는 원장(M=3.76), 기타(M=3.54)로 통계적 유의성도 있었다(p<0.01).

[표 4-35] 인구통계적 특성에 따른 미용실 이용 행동 분석

구분		재방문기간(개월)	디자이너수(명)
성별	여자	2.40	6.84
	남자	1.37	4.80
	t	3.58***	2.41*
연령	24세 이하	2.46	7.25a
	25~29세	2.41	7.74a
	30~39세	2.16	7.04a
	40세 이상	1.86	4.09b
	F	1.61	7.06***
직업	주부, 무직	2.72	4.98a
	중고생	2.55	5.26a
	대학, 대학원	2.41	7.60b
	직장인	2.07	6.72b
	F	.78	2.78*

* p < .05, ** p < .01, *** p < .001 문자 a, b는 Duncan의 다중범위검증

해석

2) Two Way ANOVA 분석(이원배치분산 분석)

일원분산 분석에서 1개였던 독립변수가 여기서는 2개의 독립배치변수로 변하게 된다. 하지만 종속변수는 여전히 1개이다.

- 일원배치분산 분석은 변수가 2개면 하나의 변수에 대해 다른 변수를 통제 못함
- 두 개의 독립변수가 서로 상호작용이 있는가를 검증

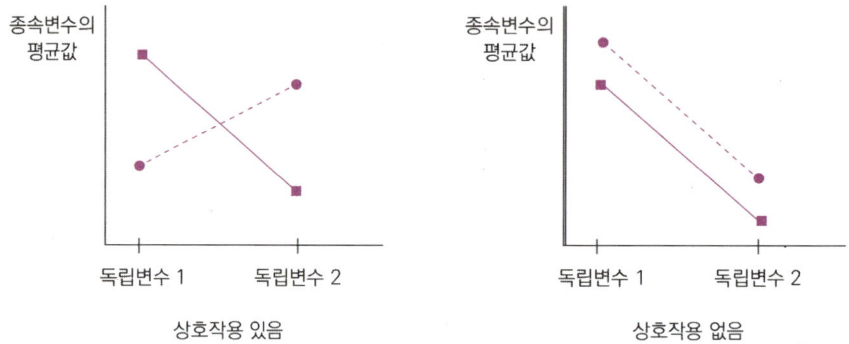

[그림 4-8] 이원배치분산 분석

[표 4-36] 일원분산 분석과 이원분석 분석 비교

구분	차이비교	
	One Way ANOVA	Two Way ANOVA
변수	독립변수 3 이상, 종속변수(연속형) 1	독립변수 2, 종속변수 1
효과	주효과(main effect)	상호작용효과(interaction effect)
분석	독립변수의 변화가 결과변수에 미치는 영향	두 개의 독립변수가 상호작용이 있는가 검증
	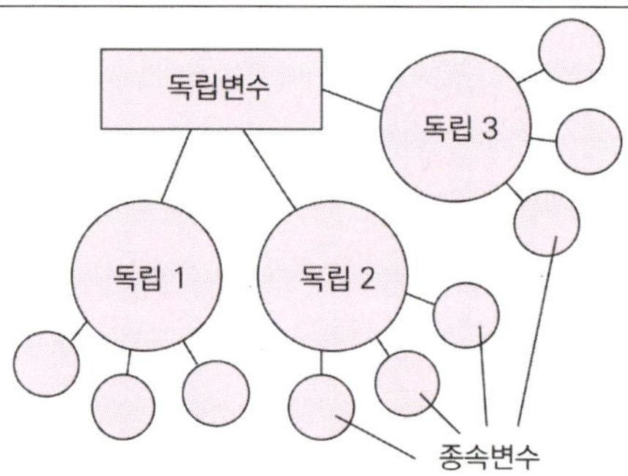	

결과 해석

[표 4-37] 쾌락적/실용적 가치추구 만족/불만족 고객간의 상호작용 효과 분석

종속변수	독립변수	제곱합	자유도	평균제곱	F	유의확률
충성도	만족: A	24.812	1	24.812	56.083	.000
	불만족: B	.682	1	.682	1.542	.215
	A*B	2.500	1	2.500	5.650	.018
	오차	130.956	296	.442		
	합계	168.687				

만족한 쾌락적 가치를 추구하는 미용서비스를 이용하는 고객은 만족한 실용적 가치를 추구하는 고객보다 충성도가 높다는 것을 분석하기 위해 검증에 앞서, 고객만족을 두 그룹(만족 vs. 불만족)으로 분류하여(M=3.47) 이원분산 분석(two-way ANOVA)을 실시하였다. 이원분산 분석의 가장 중요한 결과 중 하나는 상호작용을 분석하는 부분이며, 본 연구의 결과 표 4-37과 같이 만족그룹과 불만족 집단 사이에는 명확한 상호작용이 존재하는 것으로 나타났다(F=5.65, p<05).

이는 미용서비스의 고객만족과 충성도에 쾌락적 가치가 매우 중요한 영향을 미치는 요인인 것은 분명하나 실용적 가치 역시 고객충성도에 관여하는 요인임을 나타내는 결과이다.

만족한 쾌락적 가치 추구 집단의 충성도가 실용적 가치 추구 집단에 비해 현저하게 높은 결과를 보여 가설 4는 지지되었다(그림 4-9).

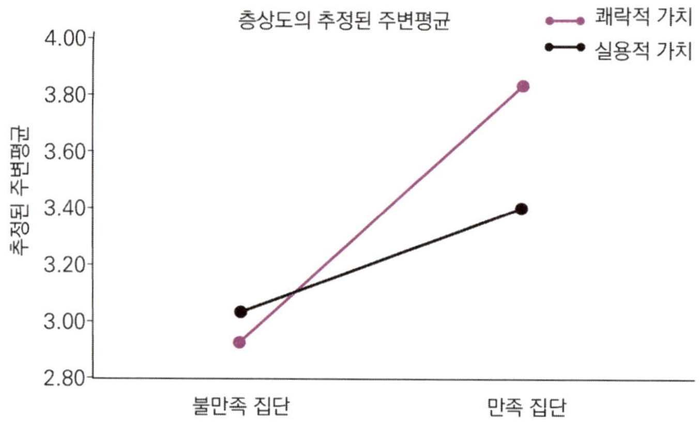

[그림 4-9] 쾌락적/실용적 가치추구 만족/불만족 고객간의 상호작용 효과와 평균비교

또한 만족/불만족한 쾌락적 가치추구 집단의 충성도의 기울기가 가파르게 나타남으로써 두 집단 간의 충성도의 차이가 크다는 것을 보여주고 있다. 이에 반해 실용적 가치추구 집단의 기울기는 완만한 경사도를 보이므로 가치추구에 따라 충성도의 차이가 달라지는 것을 확인할 수 있다.

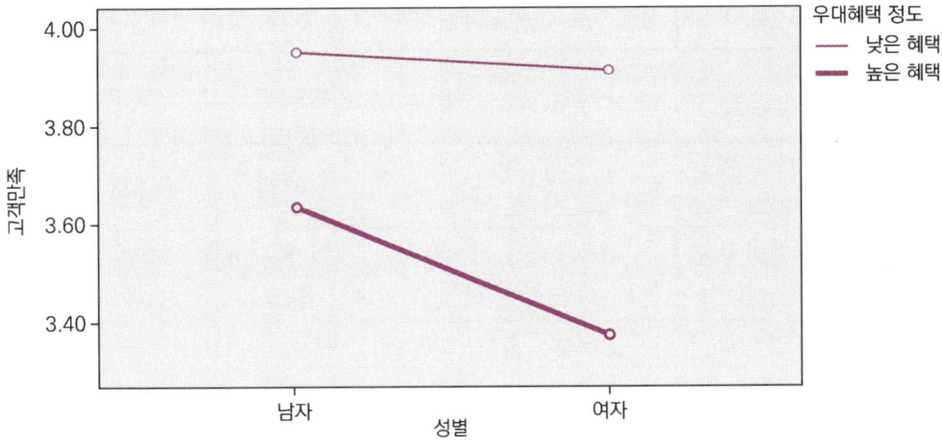

[그림 4-10] 성별 정보와 특별우대 혜택간의 상호작용 및 평균 비교

[표 4-38] 성별 정보와 특별우대 혜택간의 상호작용 효과 분석

변수		제곱합	자유도	평균제곱	F	유의확률
종속변수	독립변수					
고객만족	특별우대 혜택(L/H) : A	12.137	1	12.137	44.714	.000
	성별: B	1.462	1	1.462	5.385	.021
	A*B	.824	1	.824	3.034	.083
	오차	75.460	278			
	합계	89.883	281			

해석

t-test와 ANOVA 개념 확인

※ 종속(반응)변수가 연속형 변수인 경우

1. 집단의 수 파악
2. 집단의 수는 몇 개인가?

예)

집단이 2개인 경우

스크류					
A					
B					

집단이 3개인 경우

스크류					
A					
B					
C					

집단이 6(3×2)개인 경우

	코팅 A	코팅 B
스크류 A		
스크류 B		
스크류 C		

[그림 4-11] 집단의 수

1) 집단이 2개이면 3번으로 가시오.
2) 집단이 3개 이상이면 6번으로 가시오.

3. 집단간 독립인가?
   1) 독립이면 4번으로 가시오.
   2) 독립이 아니면 5번으로 가시오.

Independent t-test

4. Independent t-test 시행(독립표본 t-test)

4-1. 각 그룹별 정규성 검정 시행

1) 정규성을 만족하면 Independent t-test 시행

2) 정규성을 만족하지 않으면 비모수 검정인 Mann-Whitney U test 시행

4-2. 등분산 검정에 따른 p-value 선택하여 검정

Paired t-test

5. Paired t-test(대응표본 t-test)

5-1. 두 집단의 차이값(x-y)에 대한 정규성 검정 시행

1) 정규성을 만족하면 Paired t-test 시행

2) 정규성을 만족하지 않으면 비모수 검정인 Wilcoxon Singed Rank test 시행

6. 요인의 수를 파악한다.

예)

1요인

스크류				
A				
B				
C				
D				
E				

2요인

	코팅			
스크류	코팅 유		코팅 무	
A				
B				
C				
D				

3요인

	처리 A				처리 B			
스크류	코팅 유		코팅 무		코팅 유		코팅 무	
A								
B								
C								
D								

[그림 4-12] 요인의 수

1) 1요인이면 6-1번으로 가시오.

2) 2요인이면 8번으로 가시오.

3) 3요인 이상이면 10번으로 가시오.

6-1. 그룹간 독립인가?

1) 각 그룹이 독립이고 반복측정이 아니라면 6-2로 가시오.

2) 각 그룹이 독립이 아닐 경우 (예) 토끼 한 마리의 다리에 여러 종류의 임플란트 식립)이거나 반복측정일 경우 (예) 한 개체에서 여러 번 반복측정 된 경우) 7번으로 가시오.

One-way ANOVA

6-2. One-way ANOVA(일원배치분산 분석)

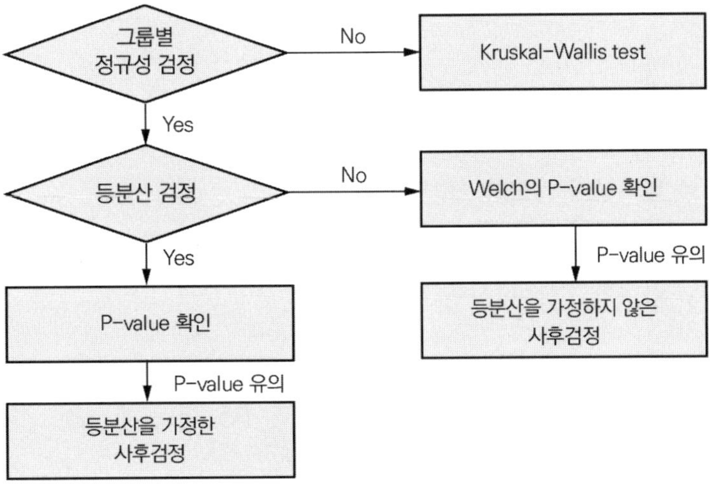

[그림 4-13] 일원배치분산 분석

Repeated-Measures ANOVA

7. Repeated-Measures ANOVA(반복측정분산 분석)

예) 시간의 흐름에 대한 반복측정일 경우

시간: 반복요인

그룹: 처리요인 → 요인이 2개이므로 2-Way RM ANOVA

7-1. 차이에 대한 정규성 검정(x-y, y-z)

1) 정규성을 만족하면 7-2로 가시오.

2) 정규성을 만족하지 못하면 7-5으로 가시오.

7-2. 구형성 검정

1) 구형성을 만족하면 7-3으로 가시오.

2) 구형성을 만족하지 않으면 7-4로 가시오.

7-3. P-value를 확인하고 유의하면 사후 검정

7-4. $\varepsilon>0.75$이면 Huynh-Feldt correction, $\varepsilon<0.75$이면 Green house- Geisser correction P-value를 확인 후 유의하면 사후 검정

7-5. Friedman test를 시행하고 P-value가 유의하면 Wilcoxon Signed Rank test를 하고 Bonferroni Correction 된 유의수준을 사용하여 사후 검정

8. 2요인에 대한 분석법 결정

예)

Two-way ANOVA
8-1번으로 가시오

	처리(독립)	
스크류	처리 A	처리 B
A		
B		
C		
D		

ANCOVA

	처리(독립 X)	
스크류	사전	사후
A		
B		
C		
D		

RM ANOVA
7번으로 가시오

	반복측정(동일한 개체)			
스크류	1주	2주	3주	4주
A				
B				
C				
D				

Two-way ANOVA

8-1. Two-way ANOVA(이원배치분산 분석)

* 자주 범하는 오류

전체적인 분석을 하지 않고

One-Way ANOVA + Independent t-test or Paired t-test

One-Way ANOVA + Mann-Whitney U test or Wilcoxon Singed Rank test

One-Way ANOVA + One-Way ANOVA 등 혼합하여 사용하는 경우

이러한 경우에는 각 상황에 적합한 전체적인 분석을 해야 한다.

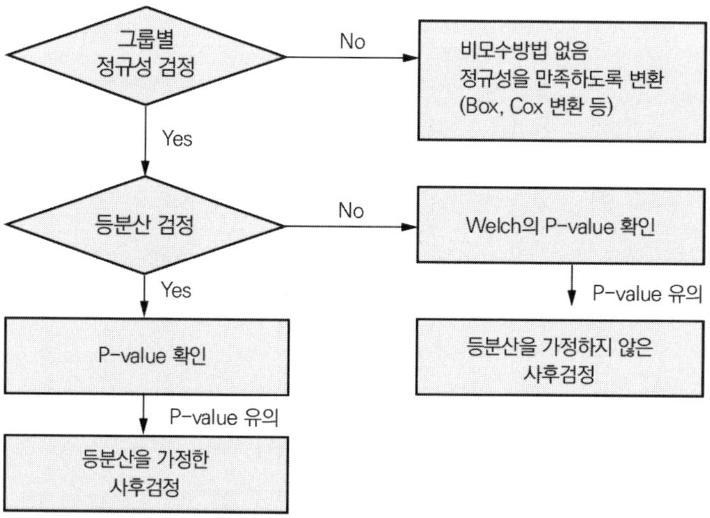

[그림 4-14] 이원배치분산 분석

ANCOVA

9. ANCOVA(공분산 분석)

정규분포와 등분산 가정도 검토한다.

9-1. 가정: 종속변수와 공변량은 선형성을 만족한다. 공변량의 유의성을 확인($P<.05$)

1) 공변량이 유의하면 9-2로 가시오.

2) 공변량이 유의하지 않으면 ANCOVA를 할 수 없다(다른 방법 모색, RM ANOVA 등).

9-2. 집단간 기울기 동질성(Homogeneity of Regression Slopes) 가정 검정

확인 방법: 종속변수와 공변량이 집단에 따라 같은지 통계적으로 검정. 즉, 공변량과 집단간의 교호작용을 검정하여 유의하지 않으면($P>.05$) 동질한 것이다.

1) 기울기가 동일하면 9-3으로 가시오.

2) 기울기가 동일하지 않으면 9-4로 가시오.

9-3. 교호작용을 제거하고 주 효과의 유의성 확인 유의하면 사후검정

9-4. 각 집단에 따라 종속변수와 공변량의 관련성을 각각 추정해야 한다.

각 집단의 기울기에 따라 조정된 종속변수로 집단 간 평균차이 검정

Multi-way ANOVA

10. Multi-way ANOVA(다원배치분산 분석)

1) 반복요인이 있는 경우 7번으로 가시오.

2) 공변량이 있는 경우 9번으로 가시오.

3) 요인만 있는 경우 8-1번에서 요인만 하나 추가하면 된다.

* 반복요인과 공변량 둘 다 있는 경우는 7번에서 공변량만 추가하여 분석하면 된다(자세한 방법은 문헌을 참조).

* 요인이 많은 경우는 회귀 분석(ANOVA, ANCOVA 등), Mixed effect model(RM ANOVA)을 시행한다.

8 교차 분석(카이제곱 검정)

교차 분석(Crosstabulation)은 명목(성별, 지역별, 직업별, 교육수준별), 순위, 등간 데이터의 성향을 갖고 있는 사회의 가치 내용을 분석하기 위해 사용되는 분석기법이다. 명목 및 서열척도의 범주형 변수(Categorical variables)를 분석하기 위해 한 변수의 범주를 다른 변수의 범주에 따라 빈도를 교차 분석하는 교차표를 작성하고, 두 변수간의 독립성과 관련성을 분석하는데 이용한다.

즉, 빈도 분석의 확장형이라고 보면 될 것이다. 빈도 분석은 한 개의 변수에 대한 빈도를 측정하는 방법이었으나, 교차 분석은 두 개 이상의 변수를 결합하여 자료의 빈도를 살펴보는 분석 기법이라 할 수 있다. 그리고 교차 분석은 두 개 이상의 행과 열을 갖는 교차표(Crosstabs table)를 작성하며, 단순히 교차빈도를 집계할 뿐만 아니라 두 변수간의 독립성 여부를 판정하는 독립성 검정도 수행할 수가 있다.

1) 교차 분석의 용도

(1) 교차 분석은 한 변수에 속한 빈도수와 다른 변수에 속한 빈도수를 함께 교차로 분석하고자 하는 경우

(2) 두 변수 사이에 상관관계가 있는지를 확인하고자 하는 경우

(3) 상관관계의 정도가 강한지 아니면 약한지를 분석하고자 하는 경우

(4) 두 변수의 값이 공유하고 있는 빈도수가 몇 개인지를 파악하고자 하는 경우

2) 교차 분석에 사용되는 척도

(1) 명목 척도

(2) 등간 척도(명목, 서열 변수로 전환하였을 경우에만)

(3) 서열의 성향을 가진 변수

3) 선행조건

(1) 변수값의 범위가 제한적이어야 한다.

(2) 2개(최대 3개까지) 변수만 사용이 가능

(3) 각 변수의 변수값은 최대 7개 이하일 경우에만 가능(7개가 넘을 경우에도 분석이 가능하긴 하지만 결과 제시가 어려움)

4) 교차 분석 방법

예시 1) 인종간에 행복도 차이가 있는지를 알아보고자 한다.

가설 : 인종과 행복도 간에는 상관관계가 있을 것이다.

종속변수 : 행복도

독립변수 : 인종

예시 2) 커피를 많이 마시면 위암에 걸리는지 알아보고자 한다.

가설 :

종속변수 :

독립변수 :

예시 3) 성별에 따라 학력에 차이가 있는가?

가설 :

종속변수 :

독립변수 :

(1) 교차 분석표 읽기

		인종			전체
		백인	흑인	기타	
행복도	매우 행복	409	46	12	467
	보통	730	116	26	872
	불행한 편	117	39	9	165
전체		1,256	201	47	1,504

[표 4-39] 행복도 * 인종 교차표

표 4-39는 인종간 행복도의 차이를 보여주고 있다.

인종간 누가 더 행복하고 누가 더 불행한가?

인종간 행복도 비교가 가능하려면 일반적으로 많이 사용되는 비율(%)을 활용하여 분석이 가능하다.

		인종			전체
		백인	흑인	기타	
행복도	매우 행복	409 32.6%	46 22.9%	12 25.5%	467 31.1%
	보통	730 58.1%	116 57.7%	26 55.3%	872 58.0%
	불행한 편	117 9.3%	39 19.4%	9 19.1%	165 11.0%
전체		1,256 100.0%	201 100.0%	47 100.0%	1,504 100.0%

[표 4-40] 행복도 * 인종 교차표

표 해석

표 4-40은 1991년 미국 일반 시민 1,501명을 대상으로 실시한 여론조사 중 인종별로 살펴본 행복도이다. 백인들 중 매우 행복하다고 생각하는 사람이 409명(32.6%)으로 흑인 46명(22.9%), 기타가 12명(25.5%)로 조사되어 백인이 더 행복하다고 나타났다.

불행하다고 응답한 사람은 백인이 117명(9.3%), 흑인이 39명(19.4%), 기타가 9명(19.1%)으로 조사되어 흑인과 기타 인종이 백인보다 더 불행한 것으로 나타났다.

이러한 결과는 1990년대 초반 미국 사회가 여전히 인종적으로 불평등한 사회임을 반영하고 있어 평등사회 구현을 위해 미국사회가 좀 더 많은 노력을 해야 할 것으로 사료된다.

인종과 행복도의 차이가 남녀간에 동일한지?

남성 중 인종과 행복도의 차이?

여성 중 인종과 행복도의 차이?

이때 성별(남성/여성)변수는 통제변수가 된다.

통제변수를 이용하여 전체 데이터를 남녀로 먼저 구분하고 그 상태에서 교차 분석을 하게 된다.

[표 4-41] 행복도 * 인종 * 성별 교차표

성별 \ 행복도			인종			전체
			백인	흑인	기타	
남자	행복도	매우 행복	180 33.1%	19 27.1%	7 35.0%	206 32.5%
		보통	326 60.0%	38 54.3%	10 50.0%	374 59.1%
		불행한 편	37 6.8%	13 18.6%	3 15.0%	53 8.4%
전체			543 100.0%	70 100.0%	20 100.0%	633 100.0%
여자	행복도	매우 행복	229 32.1%	27 20.6%	5 18.5%	261 30.0%
		보통	404 56.7%	78 59.5%	16 59.3%	498 57.2%
		불행한 편	80 11.2%	26 19.8%	6 22.2%	112 12.9%
전체			713 100.0%	131 100.0%	27 100.0%	871 100.0%
전체	행복도	매우 행복	409 32.6%	46 22.9%	12 25.5%	467 31.1%
		보통	730 58.1%	116 57.7%	26 55.3%	872 58.0%
		불행한 편	117 9.3%	39 19.4%	9 19.1%	165 11.0%
전체			1,256 100.0%	201 100.0%	47 100.0%	1,504 100.0%

5) 교차 분석 결과를 사용할 수 없는 경우

(1) 카이제곱 검정에서 기대빈도 5 미만인 셀이 20%를 넘지 않는 경우

해결방법

- 변수값의 범주를 결합한 코딩 변경을 통해 재코딩한 후 분석을 다시 실시한다.

6) 카이제곱 검정

- χ^2 검정은 카이제곱분포에 기초한 통계적 방법이다.
- 관찰된 빈도가 기대되는 빈도와 유의하게 다른지를 검증한다.
- 범주형 자료로 구성된 데이터 분석에 이용된다.
- 두 변수간 관계를 파악하는데 사용된다.

(1) 적합도 검정

관찰된 비율값이 기대값과 같은지 조사하는 검정(어떤 모집단의 표본이 그 모집단을 대표하는지 검정)

연구 : 남자와 여자와 두피관리 빈도 측정을 하고자 모집단 비율이 1 : 2라고 할 때 표본집단에서 다음과 같은 결과를 얻었다.

가설

H_0 : 모집단의 비율을 따른다.

H_1 : 모집단의 비율을 따르지 않는다.

분석 결과

성별

	관측수	기대빈도	잔차
1.0	23	20.0	3.0
2.0	37	40.0	-3.0
합계	60		

검정통계량

	성별
카이제곱	.675[a]
자유도	1
근사유의확률	.411

a. 0셀(.0%)은 5보다 작은ㅇ 기대빈도를 가진다.
최소 셀 기대빈도는 20.0이다.

유의확률이 0.411이기에 유의수준 0.05보다 크기에 귀무가설을 채택한다.

즉, 모집단 비율인 1:2를 따라간다.

(2) 독립성 검정

두 변수가 종속적인지, 독립적인지를 알고자 할 때 독립성 검정을 사용한다. 교차 분석을 사용한다.

- 기대빈도는 두 변수가 서로 상관없고 독립적이라고 기대하는 것을 의미하며, 관찰빈도와의 차이를 통해 기대빈도의 진위 여부를 밝힌다.
- 귀무가설: 두 변수는 연관성이 없음(독립)
- 대립가설: 두 변수는 연관성이 있음(독립X)

연구 남녀의 스트레스성 탈모가 독립적인가?

가설

H_0 : 스트레스성 탈모와 남녀는 독립적이다.

H_1 : 스트레스성 탈모와 남녀는 종속적이다.

	성별	자유도	접근 유의확률 (양측검정)
Pearson 카이제곱	27.917a	28	.469
우도비	37.607	28	.106
선형 대 선형결합	5.516	1	.019
유효 케이스수	30		

a. 58셀(100.0%)은 5보다 작은 기대빈도를 가지는 셀이다.
최소 셀 기대빈도는 .40이다.

Pearson 카이제곱 유의확률이 0.469이기에 유의수준 0.05보다 크므로 귀무가설을 채택한다. 즉, 탈모와 성별은 독립적이다.

(3) 동질성 검정

두 변수가 동일한지를 알고자 할 때 동질성 검정을 사용한다. 교차 분석을 사용한다.

연구 남녀에 따라 피부보습도의 차이가 있는가?

가설

H_0 : 남녀에 따라 피부보습도가 동일하다.

H_1 : 남녀에 따라 피부보습도가 동일하지 않다.

	성별	자유도	접근 유의확률 (양측검정)
Pearson 카이제곱	6.181a	2	.045
우도비	6.258	2	.044
선형 대 선형결합	5.058	1	.025
유효 케이스수	60		

a. 1셀(16.7%)은 5보다 작은 기대빈도를 가지는 셀이다.
최소 셀 기대빈도는 3.45이다.

Pearson 카이제곱 유의확률이 0.045이기에 유의수준 0.05보다 작으므로 귀무가설을 기각하고 대립가설을 채택한다.

즉, 남녀에 따라 피부보습도가 동일하지 않다.

결과 해석

[표 4-42] 미용사의 재교육 필요성

구분		미용사의 재교육 필요 정도										χ^2 (p)
		매우 필요하다		필요하다		보통이다		별로 필요하지 않다.		전혀 필요하지 않다.		
		N	%	N	%	N	%	N	%	N	%	
성별	남	7	29.2	9	37.5	5	20.8	1	4.2	2	8.3	9.432 (.051)
	여	38	22.6	89	53.0	33	19.6	7	4.2	1	.6	
연령	25세 미만	9	11.5	44	56.4	20	25.6	4	5.1	1	1.3	17.289* (.027)
	25-30세 미만	20	26.0	38	49.4	14	18.2	4	5.2	1	1.3	
	30세 이상	16	43.2	16	43.2	4	10.8			1	2.7	
학력	고졸 이하	19	28.4	36	53.7	8	11.9	3	4.5	1	1.5	8.952 (.346)
	전문대 졸	20	19.0	52	49.5	27	25.7	5	4.8	1	1.0	
	4년제 이상	6	30.0	10	50.0	3	15.0			1	5.0	
근무 년수	1년 미만	6	16.7	18	50.0	10	27.8	2	5.6			24.901 (.072)
	2년 미만	9	17.6	23	45.1	17	33.3	1	2.0	1	2.0	
	3년 미만	4	15.4	17	65.4	2	7.7	2	7.7	1	3.8	
	4년 미만	5	23.8	12	57.1	3	14.3			1	4.8	
	4년 이상	21	36.2	28	48.3	6	10.3	3	5.2			
직급	스텝	11	13.3	48	57.8	18	21.7	4	4.8	2	2.4	19.945 (.223)
	디자이너	27	33.3	33	40.7	17	21.0	3	3.7	1	1.2	
	프랜차이즈 실장			7	77.8	1	11.1	1	11.1			
	관리자(매니저)	3	30.0	5	50.0	2	20.0					
	원장(점장)	4	44.4	5	55.6							
월소득	100만 원 미만	13	14.6	52	58.4	18	20.2	4	4.5	2	2.2	16.832* (.032)
	100~200만 원 미만	20	32.3	22	35.5	17	27.4	3	4.8			
	200만 원 이상	12	29.3	24	58.5	3	7.3	1	2.4	1	2.4	
합계		45	23.4	98	51.0	38	19.8	8	42	3	1.6	

* $p < .05$

표 4-42는 미용사의 재교육 필요성에 대해 분석한 결과이다. 분석결과 전체적으로 볼 때, '매우 필요하다' 45명(23.4%), '필요하다' 98명(51.0%), '보통이다' 38명(19.8%), '별로 필요하지 않다' 8명(4.2%), '전혀 필요하지 않다' 3명(1.6%)으로 나타나 전체 74.4%가 미용사의 재교육이 필요하다고 생각하는 것으로 나타났다.

이지혜(2000)의 연구에서도 미용직은 직종 특성상 기술을 기반으로 하되, 유행과 같은 변화에 매우 민감한 업종으로 지식과 기술의 노후화 및 갱신의 주기가 빨라서 지속적인 재교육과 학습이 필수적이라고 하였고, 오경은(2001)의 연구에서도 정보와 통신의 발달로 인해 뉴 트랜드와 헤어스타일은 전 세계 시장이 패션을 동화시키고 있기 때문에 소비자들의 기대는 미용 기술 그 이상의 것을 요구하고 있으므로, 재교육이 필요하다는 연구 결과와 일치하였다.

조사 대상자의 인구통계학적 특성에 따라서는 연령, 월 소득에 따라 통계적으로 유의미한 차이가 나타났다($p<.05$). 먼저 연령에 따라서는 비교적 연령이 많을수록 미용사의 재교육이 필요하다고 생각하는 것으로 나타났고, 월 소득에 따라서도 비교적 월 소득이 많을수록 미용사의 재교육이 필요하다고 생각하는 것으로 나타나 다소 차이를 보였다.

[표 4-43] 재교육이 필요한 이유

구분		재교육이 필요한 이유										χ^2 (p)
		사업발전을 위해		급여인상 및 승진을 위해		자기계발을 위해		고객만족을 위해		기타		
		N	%	N	%	N	%	N	%	N	%	
성별	남			3	18.8	8	50.0	5	31.3			6.461 (.167)
	여	7	5.5	11	8.7	90	70.9	17	13.4	2	1.6	
연령	25세 미만	3	5.7	4	7.5	37	69.8	9	17.0			7.680 (.465)
	25-30세 미만	1	1.7	5	8.6	42	72.4	8	13.8	2	3.4	
	30세 이상	3	9.4	5	15.6	19	59.4	5	15.6			
학력	고졸 이하	2	3.6	1	1.8	39	70.9	12	21.8	1	1.8	11.675 (.166)
	전문대 졸	4	5.6	11	15.3	50	69.4	6	8.3	1	1.4	
	4년제 이상	1	6.3	2	12.5	9	56.3	4	25.0			
근무년수	1년 미만	1	4.2	2	8.3	17	70.8	4	16.7			15.330 (.501)
	2년 미만			1	3.1	24	75.0	7	21.9			
	3년 미만			3	14.3	15	71.4	3	14.3			
	4년 미만	1	5.9	1	5.9	13	76.5	1	5.9	1	5.9	
	4년 이상	5	10.2	7	14.3	29	59.2	7	14.3	1	2.0	
직급	스텝	2	3.4	4	6.8	44	74.6	9	15.3			17.694 (.342)
	디자이너	2	3.3	10	16.7	37	61.7	9	15.0	2	3.3	
	프랜차이즈 실장	1	14.3			5	71.4	1	14.3			
	관리자(매니저)					6	75.0	2	25.0			
	원장(점장)	2	22.2			6	66.7	1	11.1			
월소득	100만 원 미만	3	4.6	4	6.2	47	72.3	10	15.4	1	1.5	3.161 (.924)
	100~200만 원 미만	2	4.8	6	14.3	26	61.9	7	16.7	1	2.4	
	200만 원 이상	2	5.6	4	11.1	25	69.4	5	13.9			
합계		7	4.9	14	9.8	98	68.5	22	15.4	2	1.4	

해석

[표 4-44] 성별 및 연령에 따른 서비스 품질에 대한 인식 차이

(N=3431)

구분		기술	친절, 서비스	예약, 시간	편의시설	가격수준	위치, 주차편리성	홍보요인
성별	여	3.67	3.76	3.66	4.16	3.33	3.33	2.87
	남	3.35	3.50	3.34	3.90	3.12	3.09	2.80
	t	2.93**	2.43*	3.22**	1.91	1.82	2.23*	.910
연령	20세 미만	3.72	3.87	3.51	4.20	3.30	3.30	2.89a
	20~29세	3.56	3.65	3.56	4.17	3.21	3.33	3.01a
	30~39세	3.72	3.75	3.64	4.14	3.20	3.33	2.90a
	40~49세	3.60	3.69	3.63	3.92	3.50	3.13	2.67b
	50세 이상	3.46	3.86	3.74	4.02	3.50	3.25	2.1b
	F	1.02	.90	.58	.95	2.26	.89	4.28*

* $p < .05$, ** $p < .01$, *** $p < .001$ 문자 a, b는 Duncan의 다중범위 검증

해석

9 상관관계 분석

2개 이상의 양적 변수간의 상관관계를 알아보기 위해 사용된다.

상관관계는 서열 척도, 등간 척도, 비율 척도로 측정된 변수들 간의 관련성 정도를 알아보기 위한 것으로, 하나의 변수가 다른 변수와 어느 정도 밀접한 관련성을 갖고 변화하는가를 알아보기 위해 사용한다.

두 변수 사이의 관계를 측정하고 묘사하기 위해 이용되는 통계학의 한 기법이다.

1) 상관관계 분석

(1) 단순 상관관계 분석

두 변수간의 관련성을 구할 경우

(2) 부분/편 상관관계 분석

어떤 변수를 통제한 상태에서 두 변수의 상관관계를 구하는 것

(3) 중다 상관관계 분석

두 개 이상의 독립변수에 가중치를 부여하여 상관관계를 구하는 것

2) 산점도

그림 4-15는 두 변수 간의 관계를 그래프로 나타낸 것이다.

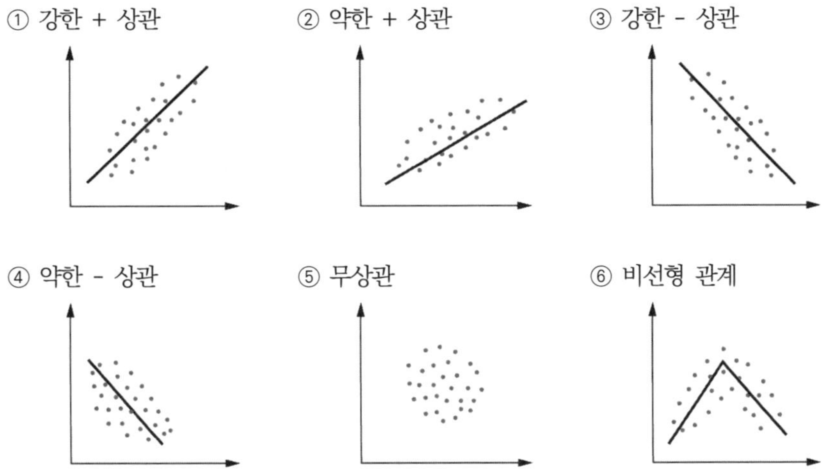

[그림 4-15] 산점도

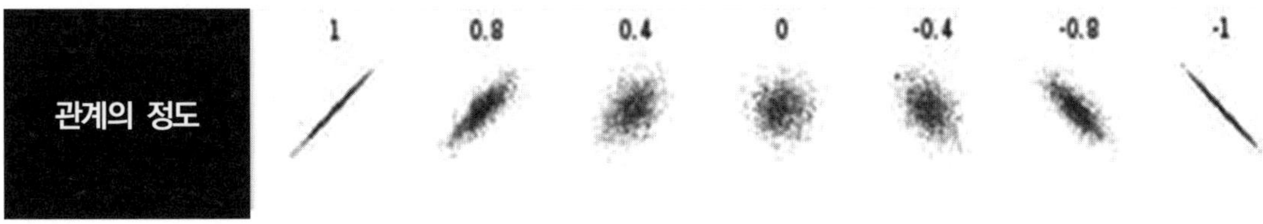

[그림 4-16] 관계의 정도

3) 분산, 공분산, 상관계수

(1) 분산

한 변수의 평균에 대해 각 값이 얼마나 떨어져 있었는지를 수치화한 것으로, 데이터값의 퍼진 정도를 말한다. 편차의 정도를 말한다.

편차란 각 값이 평균에서 얼마나 떨어져 있는가를 말한다(요소 - 평균 = 편차).

예) 영어 성적(90 92 94 92)이 있다고 할 때

평균은 말그대로 평균이다(90 + 92 + 94 + 92 = 368 / 4 = 92).

분산은 평균을 구하고 평균으로부터 퍼진 정도라고 하면 쉽게 이해를 할 수 있다.

평균이 92점이니

90은 −2만큼　92는 0만큼　94는 2만큼　92는 0만큼

이는 퍼져있는 정도로 떨어진 정도이니 음수가 나올 수 있으니 보통 제곱처리해서 다시 root를 쓰는 방법을 많이 쓴다.

(2) 공분산

共(함께할 공)이란 한문을 사용해서 '함께 공유되는 분산'이란 의미이다.

공분산은 두 변수가 각각의 평균에 대해 얼마나 떨어져 있는지를 수치화한 것이다.

예) 영어성적에 수학성적까지 있다면?

영어(90 92 94 92)

수학(80 86 80 82)

이 두 변수가 서로간의 관계가 궁금할 것이다.

"영어를 잘하면 수학도 잘하나?" 이런 의문

한 마디로 이 두 변수 간의 변동을 공분산 Cov(x, y)이라 한다.

공분산값

Cov(X, Y) > 0 X가 증가할 때 Y도 증가한다.

Cov(X, Y) < 0 X가 증가할 때 Y는 감소한다.

Cov(X, Y) = 0 X와 Y가 상관이 없다(이를 독립이라고도 한다. 한 사건이 다른 사건에 영향을 주지 않고 하는 경우 많이 나옴).

(3) 상관계수

확률변수의 절대적 크기에 영향을 받지 않도록 단위화시킨 것으로 분산의 크기만큼 나누었다고 생각하면 된다.

공분산의 한계를 보완하기 위해 공분산을 정규화하여 그 결과가 -1 ~ 1 범위에서 나오게 한 것이다. 상관관계를 나타내는 상관계수는 피어슨, 스피어만, 켄달 등 여러 가지가 있으나 가장 많이 사용하는 것은 피어슨 상관계수이다.

① 피어슨 상관계수 분석

두 변수 간의 선형적인 상관관계를 분석하기 위한 방법이다. 이 방법은 두 변수가 모두 연속형 자료일 때 사용된다.

② 스피어만 상관계수 분석

두 변수 간의 순위적인 상관관계를 분석하기 위한 방법이다. 이 방법은 변수 중 하나 이상이 순위형 자료일 때 사용된다.

③ 켄달의 타우 상관계수 분석

두 변수 간의 순위적인 상관관계를 분석하기 위한 방법이다. 이 방법은 변수 중 하나 이상이 순위형 자료일 때 사용된다.

- 두 변수간의 관계 정도를 "r"로 나타낸다.
- "r"은 두 변수간 표준화된 공분산(공통된 부분)을 나타낸다.
- 공분산이 클수록 "r"이 커지며, 공분산이 작을수록 "r"이 작아진다.

상관계수의 성질?

1. 상관계수의 절대값은 1을 넘을 수 없다(-1 ~ +1).
2. 확률변수 X, Y가 독립이라면 상관계수는 0이다.
3. X와 Y가 선형적 관계라면 상관계수는 1 혹은 -1이다. 양의 선형관계면 1, 음의 선형관계면 -1.
4. 0에 가까울수록 상관관계는 낮아지며(약한 관계), 절대값 1에 가까울수록 상관관계는 높아진다(강한 관계).

예) 공분산에도 문제점이 하나 있다. X와 Y의 단위의 크기에 영향을 받는다는 것이다. 다시 말해 100점 만점인 두 과목의 점수 공분산은 별로 상관성이 부족하지만, 100점 만점이기 때문에 큰 값이 나오고, 10점짜리 두 과목의 점수 공분산은 상관성이 아주 높지만 10점 만점이기 때문에 작은 값이 나온다. 이것을 보완하기 위해 상관계수(Correlation)가 나타난다.

공분산을 구하다 보면

공분산값이 항상 일정하지 않기 때문에 우리는 비교하려면 계산도 해야 되고 복잡하다.

-000000... < = Cor(x, y) < = 000000.... (예를 들면)

그래서 이를 표준화시켜 주는 작업으로 공분산에 표준편차로 나눠주면

값이 -1 < = Corr(x, y) < = 1 사이 범위로 좁혀지면서 우리는 수월하게 비교할 수가 있다.

이 작업, 즉 공분산을 표준편차로 나눠주는게 상관계수 Cor(x, y)라 한다.

상관계수값

Cor(X, Y) > 0　X가 증가할 때 Y도 증가한다(양의 상관관계).

Cor(X, Y) < 0　X가 증가할 때 Y는 감소한다(음의 상관관계).

Cor(X, Y) = 0　공분산이 0이라면 두 변수간에는 아무런 선형관계가 없음

Cor(X, Y) = 1　X와 Y가 동일한 값을 가진다.

Cor(X, Y) = -1　X와 Y가 반대 방향으로 동일한 값을 가진다.

(4) 상관 분석 해석의 유의점

1. 두 변수 중 한 변수가 증가할 때
2. 다른 변수가 증가하거나 또는 한 변수가 감소할 때 다른 변수가 감소되는 경우

이 둘 사이에 영향관계가 없다고 할 수 없는 이유는 크게 두 가지로 볼 수 있다.

① The third-variable problem

측정되거나 측정되지 않는 다른 변수들이 결과에 영향을 주기 때문에

② Direction of causality

상관계수는 인과관계의 방향에 대해 나타내지 않음

예)

상관관계를 인과관계로 보기는 어려움

1. 서울 시내의 자동차수와 교통사고수의 상관관계
   - 교통사고 원인의 직접적 원인이 자동차수의 증가라고 판단할 수 없음
   - 도로사정, 초보 운전자 증가 등의 다른 요인들이 있음

2. 아버지와 아들의 체중의 상관관계
   - 체중의 유전론이 확증되지 않음
   - 음식물, 식습관이 원인일 수 있음

실험설계에서의 상관관계는 인과관계로 해석할 수 있음

1. 알코올이 인간의 수면시간에 미치는 연구를 위해 통제된 환경에서 흰 쥐를 대상으로 실험
   - 세 집단의 흰 쥐에게 물과 알코올 일정량을 투여한 후 수면시간을 측정한다면 인과관계 성립
   - 단 세 집단의 쥐들은 다른 매개변수를 통제하고 똑같은 종의 쥐들이어야 함

상관관계는 인과관계보다는 상호관계(interaction), 즉 한 변수가 다른 변수에 영향을 주고, 역으로 다른 변수가 한 변수에 영향을 주는 관계라고 볼 수 있음

1. 중3 학생의 국어점수와 영어점수의 상관관계
   - 국어능력이 영어를 습득하는 능력에 영향을 주고, 영어를 습득하는 능력이 국어를 습득하는 능력에 상호 영향을 줌
   - 실험 통제가 아닌 사회현상에서의 상관이란 상호작용의 의미

4) 상관 분석의 변수

- 두 변수 모두 등간변수(혹은 비율변수)
- 두 변수 간에 인과관계는 고려하지 않는다.
- 즉, 어느 변수가 독립변수인가, 어느 변수가 종속변수인가를 따지지 않고 두 변수간의 "관계의 유무" 및 "관계의 정도"만 조사하는 방법이다.

[표 4-45] 상관계수 수치에 다른 상관관계

상관계수	상관관계
±0.9 이상	상관관계가 아주 높다.
±0.7~0.9	상관관계가 높다.
±0.4~0.7	상관관계가 있다.
±0.2~0.4	상관관계가 있으나 낮다.
±0.2 미만	상관관계가 거의 없다.

5) 산점도 해석 방법

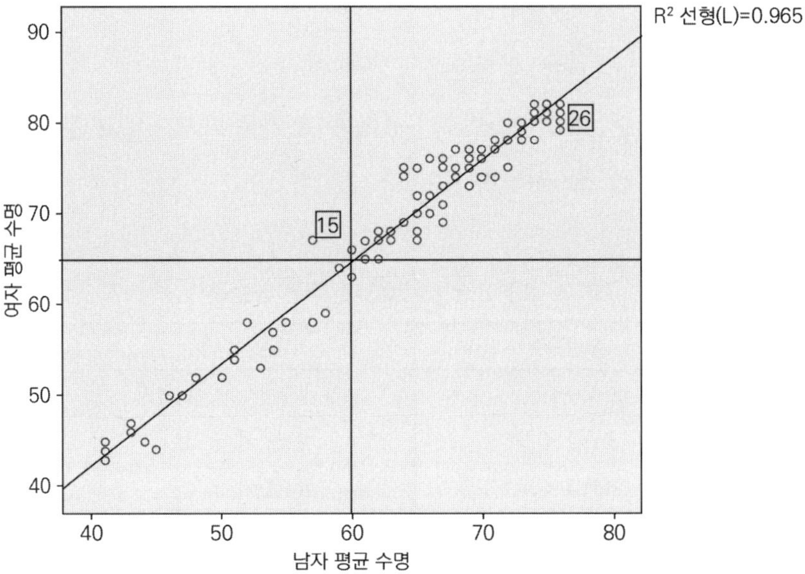

[그림 4-17] 성별에 따른 평균수명

그림 4-17의 산점도는 1995년 전 세계의 남자와 여자간 평균 수명의 상관관계를 제시하고 있다.

두 변수간의 상관관계는 정(+)의 방향이며, 그 관계가 매우 강하다.

두 변수간 상호 설명능력을 나타내는 R^2 = 0.97로 거의 1에 가깝다.

해석

1. 전 세계 각국에서 남자의 평균수명이 높으면 여자의 평균수명이 높다.
2. 전 세계 각국에서 여자의 평균수명이 높으면 남자의 평균수명이 높다.
3. 남자의 평균수명과 여자의 평균 수명은 상관관계가 매우 높다.

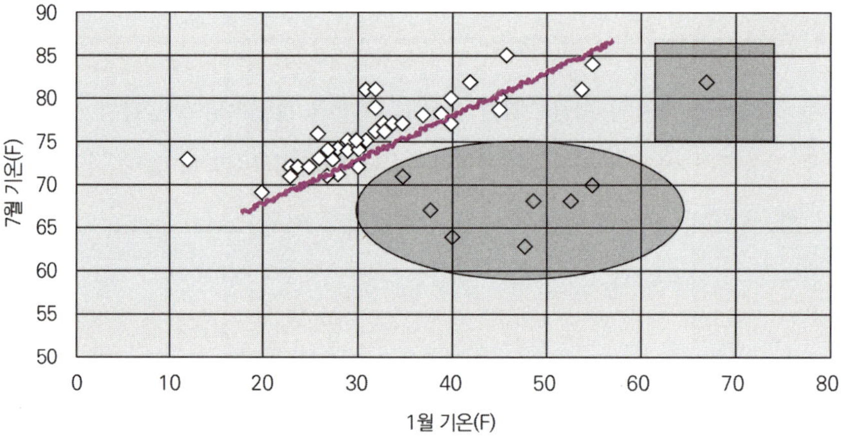

R^2 = 0.782

[그림 4-18] (1월 기온, 7월 기온) 산점도

해석

6) 상관관계표 해석 방법

[표 4-46] 상관계수

		1인당 GDP	AIDS 환자수
1인당 GDP	Pearson 상관계수	1	.258**
	유의확률(양쪽)		.008
	N	109	106
AIDS 환자수	Pearson 상관계수	.258**	1
	유의확률(양쪽)	.008	
	N	106	106

표 4-46은 각 나라별 1인당 GDP와 AIDS 환자수간의 상관관계를 나타낸 상관계수표이다.

Pearson 상관계수 r = 0.258이며 유의확률이 0.008로 0.01 수준에서 유의하기 때문에 신뢰도는 99%이다. 조사대상국가(N)는 106개국이다.

그러므로 전 세계 106개국 대상 연구에서 1인당 GDP와 AIDS 환자수간의 상관관계는 신뢰도 99% 수준에서 0.26이라는 약한 관계가 있다.

해석

1. 1인당 GDP가 올라갈수록 AIDS 환자수가 증가하는 경향이 어느 정도 있다.
2. AIDS 환자수가 증가할수록 1인당 GDP가 증가하는 경향이 어느 정도 있다.
3. 1인당 GDP와 AIDS 환자 수간의 상관관계는 약하게 있다.

[표 4-47] 관계결속, 신뢰, 장기지향성의 상관관계

		관계결속		신뢰			장기지향성		
		정서적 결속	계산적 결속	능력	성실	선의	추천의도	전환의도	지속이용 의도
관계결속	정서적 결속	1							
	계산적 결속	.195***	1						
신뢰	능력	.432***	.333***	1					
	성실	.546***	.168***	.462***	1				
	선의	.406***	.243***	.118***	.451***	1			
장기지향성	추천의도	.472***	.232***	.592***	.397***	.108**	1		
	전환의도	-.195***	.099**	.005	-.206***	-.095*	-.025	1	
	지속이용 의도	.418***	.325***	.446***	.487***	.320***	.452***	.005	1

* $p < .05$, ** $p < .01$, *** $p < .001$

관계결속 하위요인인 정서적 결속과 계산적 결속, 신뢰 하위요인인 능력과 성실 및 신의, 장기지향성의 하위요인인 추천의도와 전환의도 및 지속이용의도와의 관계를 알아보기 위해 상관 분석(Correlation analysis)을 실시하여 검증한 결과 표 4-47과 같이 나타났다.

정서적 결속은 성실(r=0.546)에서 가장 높은 양의 상관관계를 보이고 있고, 추천의도(r=0.472), 능력(r=0.432), 지속이용의도(r=0.418), 선의(r=0.406) 순으로 양의 상관관계가 있는 것으로 나타났고, 전환의도(r=-0.195)는 음의 상관관계가 있는 것으로 나타났다.

계산적 결속은 능력(r=0.333)에서 가장 높은 양의 상관관계를 보이고 있고, 지속이용의도(r=0.326), 선의(r=0.243), 추천의도(r=0.232), 성실(r=0.168), 전환의도(r=0.099) 순으로 양의 상관관계가 있는 것으로 나타났다.

능력은 지속이용의도(r=0.446)에서 양의 상관관계가 있는 것으로 나타났다.

성실에서는 지속이용의도(r=0.487)에서 양의 상관관계가 있는 것으로 나타났고, 전환의도(r=-0.206)는 음의 상관관계가 있는 것으로 나타났다.

선의는 지속이용의도(r=0.320)에서 양의 상관관계가 있는 것으로 나타났고, 전환의도(r=-0.096)는 음의 상관관계가 있는 것으로 나타났다.

[표 4-48] 상관계수

		만족도평균	불만족평균	슬픔평균	분노평균	기쁨평균
만족도평균	Pearson 상관계수	1				
	유의확률(양쪽)					
	N	259				
불만족평균	Pearson 상관계수	.710**	1			
	유의확률(양쪽)	.000				
	N	259	259			
슬픔평균	Pearson 상관계수	.073	.035	1		
	유의확률(양쪽)	.241	.570			
	N	259	259	259		
분노평균	Pearson 상관계수	-.218**	-.198**	.209**	1	
	유의확률(양쪽)	.000	.001	.001		
	N	259	259	259	259	
기쁨평균	Pearson 상관계수	-.324**	-.207**	.223**	.601**	1
	유의확률(양쪽)	.000	.001	.000	.000	
	N	259	259	259	259	259

** 상관계수는 0.01로 수준(양쪽)에서 유의한다.

해석

[표 4-49] 임파워먼트, 직무만족, 자존감 및 삶의 질 하위요인들의 상관관계 분석

구분	①	②	③	④	⑤	⑥	⑦	⑧	⑨	⑩	⑪	⑫
①	1											
②	.621**	1										
③	.648**	.663**	1									
④	.411**	.510**	.644**	1								
⑤	.303**	.532**	.284**	.271**	1							
⑥	.416	.409**	.469**	.353*	.438**	1						
⑦	.451*	.350**	.431**	.277**	.242**	.381**	1					
⑧	.374	.365	.409	.241	.263**	.371**	.379**	1				
⑨	.224*	.27**	.314**	.217**	.177**	.315**	.282**	.569**	1			
⑩	.316**	.426**	.271**	.292**	.403**	.145*	.163*	.154*	.222**	1		
⑪	.183**	.351**	.175*	.151**	.440**	.149*	.144*	.144*	.156*	.643**	1	
⑫	.252**	.420**	.275**	.279**	.395**	.167**	.152*	.148*	.059	.550**	.605**	1

* $p < .05$ ** < .01

① 의미성, ② 역량성, ③ 자기결정력, ④ 영향력, ⑤ 개인성, ⑥ 직무성, ⑦ 조직성, ⑧ 자기가치평가, ⑨ 자기특정평가, ⑩ 개인적 특성, ⑪ 객관적 특성, ⑫ 주관적 삶의 질

해석

[표 4-50] 외모만족도와 학교생활 적응 관련 변인들 간 상관 분석

	M	SD	1	2	3	4	5	6	7	8	9	10	11	12	13
1 외모만족 전체	78.89	16.02	1												
2 외모인식	21.11	6.18	.59**	1											
3 외모만족	21.45	5.55	.83**	.18**	1										
4 신체적 자아	36.33	7.30	.88**	.22**	.74**	1									
5 사회적 지지	87.10	11.25	.43**	.22**	.38**	.39**	1								
6 친구지지	28.41	5.24	.42**	.17**	.40**	.40**	.81**	1							
7 가족지지	31.58	5.28	.32**	.19**	.27**	.30**	.75**	.40**	1						
8 교사지지	27.12	3.98	.27**	.18**	.22**	.22**	.80**	.50**	.39**	1					
9 학교생활 적응	74.75	10.83	.45**	.21**	.42**	.41**	.81**	.71**	.51**	.70**	1				
10 교사관계	18.93	4.02	.29**	.14**	.26**	.26**	.73**	.53**	.39**	.80**	.84**	1			
11 교유관계	17.44	2.97	.45**	.18**	.44**	.42**	.73**	.82**	.42**	.47**	.79**	.53**	1		
12 학교수업	17.98	2.84	.42**	.23**	.36**	.37**	.64**	.50**	.48**	.54**	.86**	.62**	.56**	1	
13 학교교칙	20.39	3.35	.33**	.14**	.32**	.31**	.58**	.47**	.40**	.49**	.82**	.61**	.50**	.66**	1

* p < .05, ** < .01, 모든 변인들은 5점 척도

해석

10 회귀 분석

변수와 변수 사이의 관계를 알아보기 위한 통계적 분석 방법, 독립변수의 값에 의하여 종속변수의 값을 예측하는 것을 말한다.

회귀 분석은 본질적으로 인과관계가 있는 두 변수간의 함수식을 분석 대상으로 하며, 함수관계의 성립 여부와 함수 관계의 특징, 독립변수를 기초로 종속변수의 값을 추정하거나 예측하는데 이용된다.

즉, 독립변수와 종속변수간의 1차 선형적 관계를 도출하여 독립변수가 종속 변수에 미치는 영향 혹은 예측 정도를 분석하며, 어떤 변수가 다른 변수의 변화에 영향을 주고 있는가도 판단할 수 있다.

결국 회귀 분석은 "종속변수가 하나 이상의 독립변수에 어떻게 의존하고 있는가를 분석"하는 과정을 의미한다.

회귀란?

두 변수간의 상관관계를 기본으로 하여 하나의 1차 선형식으로 두 변인의 관계를 일반화 하는 분석 방법 평균으로의 회귀현상을 의미하며, 두 변수의 관계가 어떤 일반화된 선형관계의 평균으로 돌아간다는 의미를 말한다.

선형성이란?

두 변수의 관계가 하나의 직선 형태로 설명될 수 있는 관계를 지닌다는 것을 말한다.

1) 회귀 분석의 종류

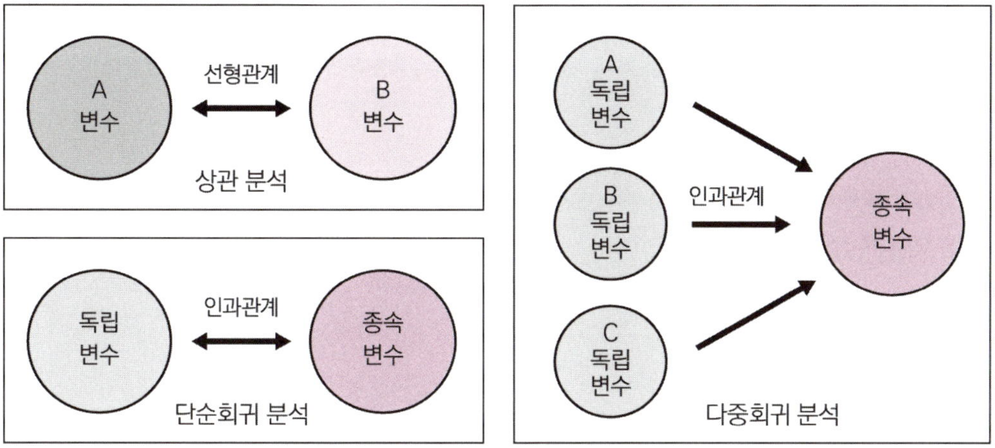

[그림 4-19] 회귀분석의 종류

① 단순회귀 분석(simple regression analysis)

하나의 종속변수와 하나의 독립변수의 관계를 분석

② 다중회귀 분석(multiple regression analysis)

하나의 종속변수와 둘 이상의 독립변수간의 관계를 분석

(1) 선형회귀 분석

선형회귀 분석은 종속변수와 독립변수 세트 간의 선형 관계 모형을 탐색하는 방법이다. 단순회귀 분석과 다중회귀 분석으로 나뉘며, 이때 사용되는 변수는 모두 연속형 자료여야 한다.

> 단순회귀 분석이 간단하고 결과의 해석도 명확하지만 종속변수를 하나의 독립변수로 설명하기 어려운 경우가 많다.

(2) 위계적 다중회귀 분석

종속변수와 독립변수 간의 임의적 관계를 통해 모형을 추정할 수 있다. 종속변수에 가장 큰 영향력을 미치는 독립변수와 두 번째로 영향력을 미치는 독립변수 등 독립변수의 상대적 영향력의 크기를 순서대로 파악하는 것이 위계적 회귀 분석이다.

(3) 비선형(더미변수)회귀 분석

비선형회귀 분석은 종속변수와 독립변수 세트 간의 비선형 관계 모형을 탐색하는 방법이다.

이때 종속변수와 독립변수는 양적 변수이어야 한다. 범주형 변수(예: 종교, 전공, 거주 지역)는 이분형(더미) 변수나 다른 유형의 대비변수로 코딩 변경이 선행되어야 한다.

> **비선형회귀 분석의 가정**
>
> 종속변수와 독립변수 간의 관계를 정확하게 설명하는 함수를 지정한 경우에만 결과가 유효하다.
>
> **더미변수란?**
>
> 모두 0과 1로 변환하여 구성된 변수를 말한다. "0은 없다, 1은 있다" 같이 성별을 남성을 1, 여성을 2라고 하였을 경우 1을 남자이다, 0을 남자가 아니다로 변경하는 것을 말한다.
>
> 더미변수는 변수의 개수 −1의 공식이다.

2) 선형회귀 분석의 가정

회귀 분석의 핵심은 회귀계수를 구하고 이 회귀계수가 통계적으로 어느 정도 의미가 있는지를 파악하는데 있다.

① 각 독립변수 간에는 상관관계가 없다.

독립변수 간에 상관관계가 존재하게 되면 각 독립변수의 회귀계수는 왜곡되어 의미를 상실할 가능성이 크다.

② 독립변수와 종속변수간에는 통계적으로 유의한 인과관계가 있어야 한다.

인과관계가 존재하지 않거나 존재하더라도 유의하지 못한 회귀식은 의미가 없다.

③ 모든 회귀계수가 유의한지를 검정한 후 해당 회귀식을 해석해야 한다.

회귀계수 중에서 어느 하나라도 통계적으로 유의하지 못하면 해당 독립변수가 종속변수에 미치는 인과관계는 거의 없다.

④ 오차항(에러값)은 독립적으로 평균이 0이고, 분산은 정규분포를 따른다고 가정한다.

3) 회귀 분석의 가설

예시

논제 : 헤어미용 교육과정 만족도가 취업률에 미치는 영향

귀무가설(영가설) : 헤어미용 교육과정 만족도는 취업률에 유의미한 영향을 미치지 못할 것이다.

대립가설 : 헤어미용 교육과정 만족도는 취업률에 유의미한 영향을 미칠 것이다.

① 논제 : 헤어미용 서비스 만족도가 재방문에 미치는 영향

귀무가설 :

대립가설 :

② 논제 : 인턴 교육과정이 디자이너 승급과정에 미치는 영향

귀무가설 :

대립가설 :

③ 논제 : 헤어미용 종사자의 스트레스가 이직률에 미치는 영향

귀무가설 :

대립가설 :

④ 논제 : 헤어미용 교과목의 학업 성취도가 취업률에 미치는 영향

귀무가설 :

대립가설 :

[표 4-51] 미용 종사자의 스트레스가 분노 억제에 미치는 영향

구분	비표준화 계수		표준화 계수	t	p	F	R^2 ($AdjR^2$)
	B	표준오차	베타				
(상수)	1.109	.100		11.091	.000	399.126***	.440
스트레스	.646	.032	.663	19.978***	.000		(.439)
종속변수 : 분노 억제							

*** p < .001

표 4-51은 미용종사자의 스트레스가 분노 억제에 미치는 영향을 검증하기 위하여 단순회귀 분석을 실시한 결과이다. 분석결과 회귀모형의 설명력은 44.0%이고, 회귀식은 통계적으로 유의미한 것으로 분석되었다(F=399.126, p<.001).

독립변수로서 스트레스는 분노 억제에 통계적으로 유의미한 정(+)의 영향을 미치는 것으로 나타났으며(p<.001), 스트레스가 높아지면 분노 억제는 .663 높아지는 것으로 나타났다.

따라서 "미용종사자의 스트레스는 분노 억제에 유의미한 영향을 미칠 것이다"라는 가설은 채택되었다.

[표 4-52] 미용 종사자의 스트레스가 분노 표출에 미치는 영향

구분	비표준화 계수		표준화 계수	t	p	F	R^2 ($AdjR^2$)
	B	표준오차	베타				
(상수)	2.127	.132		16.090	.000	35.896***	.066 (.064)
스트레스	.256	.043	.257	5.991***	.000		
종속변수 : 분노 표출							

*** $p < .001$

해석

[표 4-53] 다중회귀 분석

종속변수	독립변수		B	베타	t	유의수준	VIF
직무만족도	(상수)		.942				
	소명의식		.440	.491	6.540**	0.000	1.267
	전문성	대처능력	.153	3162	2.158***	0.033	1.267

헤어미용인의 전문성, 소명의식이 직무만족도에 미치는 영향을 알아보기 위해 다중회귀 분석을 실시하였으며, 분석결과 독립변인들간의 다중공선성 문제가 없었다. 헤어미용인의 전문성과 소명의식이 직무만족도 전체를 설명하는 설명력의 정도는 34.1%로 나타났고, 회귀모형은 유의미한 것으로 나타났다(F=38.264, p=0.000).

분석결과 헤어미용인의 소명의식이 직무만족도에 정(+)의 영향을 미치는 것으로 나타났으며(p=0.000), 소명의식이 높아지면 직무만족도의 .491 상승이 있는 것으로 나타났다.

헤어미용인의 전문성 중 대처능력은 직무만족도에 정(+)의 영향을 미치는 것으로 나타났으며(p=0.033), 전문성 중 대처능력이 높아지면 직무만족도의 .162 상승이 있는 것으로 나타났다.

[표 4-54] 6가지 요인이 경영성과에 미치는 영향

구분		경영성과				다중공선성	
		b	β	t	p	공차한계	VIF
헤어숍 특성	기술	-.036	-.037	-.766	.444	.407	2.459
	서비스	-.066	-.061	-1.246	.213	.388	2.578
	입지	.073	.081	1.739	.082	.434	2.305
	시설	.017	.021	.522	.602	.571	1.750
경영자 특성	리더십	.092	.092	1.913	.056	.406	2.464
	위험감수 성향	.088	.093	2.095*	.037	.478	2.090
	성취욕	-.099	-.106	-2.191*	.029	.405	2.470
	비전	.085	.092	1.795	.073	.358	2.794
경영관리 특성	마케팅	-.071	-.078	-1.680	.093	.435	2.297
	자금관리	.016	.018	.388	.698	.454	2.202
	정보관리	.051	.055	1.040	.0299	.337	2.965
	경영전략	.283	.260	4.721***	.000	.309	3.237
종업원 특성	호감도	.095	.098	2.031*	.043	.408	2.454
	전문성	-.055	-.060	-1.185	.236	.365	2.743
	애사심	.134	.162	3.728***	.000	.500	1.999
고객 특성		.065	.064	1.604	.109	.586	1.706
경쟁 특성		.061	.078	2.351*	.019	.863	1.159
constant		.670		4.225***	0.000		
R^2		0.329					
F(p)		21.626***(0.000)					

* p < .05, ** p < .01, *** p < .001

해석

11 매개효과 분석

종속변수와 독립변수 사이에서 매개를 하는 변수가 매개변수이다. 매개효과는 매개변수가 통계적으로 유의미하게 매개를 하는지 하지 않는지를 알아보는 분석이다.

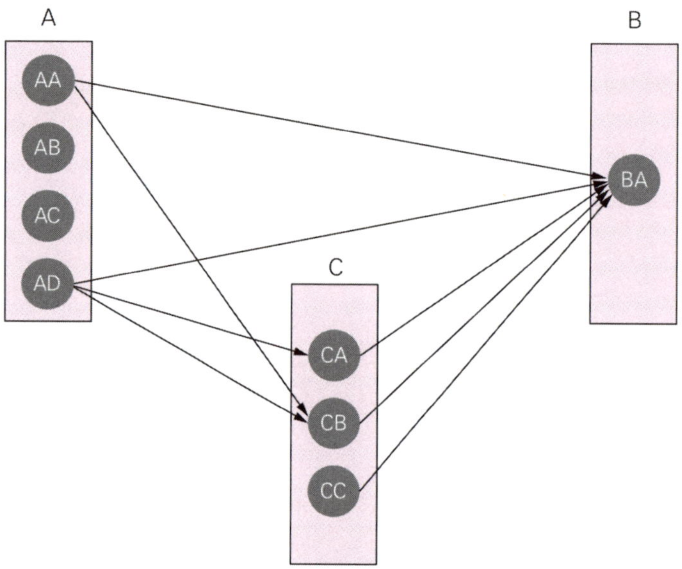

[그림 4-20] 회귀 분석 결과

1) 회귀 분석을 통한 매개효과 분석 순서

(1) 독립변인 → 매개변인

독립변수가 매개변수에 미치는 유의한 영향 관계

회귀 분석을 통하여 두 변수간에 미치는 영향 관계를 분석하고 통계적 유의수준 하에서 유의한 영향 관계가 있어야 한다.

(2) 독립변인 → 종속변인

독립변수가 종속변수에 미치는 유의한 영향 관계

회귀 분석을 통하여 두 변수 간에 미치는 영향 관계를 분석하고, 통계적 유의수준 하에서 유의한 영향 관계가 있어야 한다.

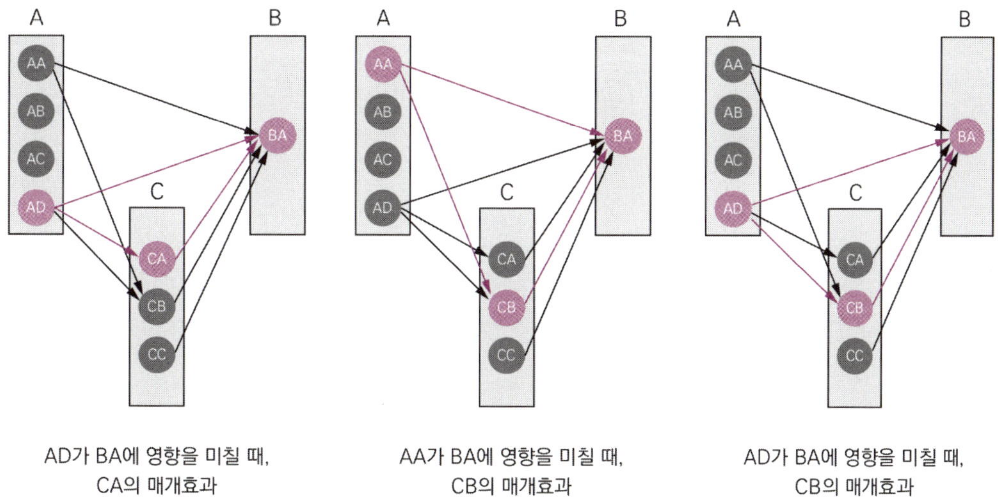

[그림 4-21] 매개효과 분석 순서

(3) 독립변인 + 매개변인 → 종속변인

독립변수와 매개변수가 종속변수에 미치는 유의한 영향 관계

회귀 분석을 통하여 변수간에 미치는 영향 관계를 분석하고 통계적 유의수준 하에서 유의한 영향 관계가 있어야 한다.

(4) 회귀계수값 확인

2단계 회귀 분석 결과 도출된 독립변수의 회귀계수값은 제 3단계에서 도출된 독립변수의 회귀계수값보다 커야만 한다. 이러한 결과가 도출되었다면 매개효과가 있다고 한다.

2) 매개효과 해석

매개효과 연구모형에서 독립변인이 종속변인에게 주는 영향은 직접효과와 간접효과로 나뉘고, 간접효과(매개효과)는 완전매개효과와 부분매개효과로 구분된다.

매개효과 계산공식: 총 효과(t) = 직접효과(c) + 매개효과(ab)

(1) 직접효과(Direct effect)

매개변인이 있을 때, 독립이 종속에게 미치는 영향

유의한 매개변인이 존재함에도 불구하고, 매개변수를 거치지 않고 독립변인이 종속변인에 영향을 주는 것

(2) 간접효과(Indirect effect)

매개변인이 있을 때, 독립이 매개를 통해 종속에게 미치는 영향

매개변인을 통해, 독립변인이 종속변인에 영향을 주는 것(간접효과 = 매개효과)

(3) 완전매개(Complete mediation)

매개변인이 없으면, 독립이 종속에 영향을 못 미치는 경우 매개효과

매개변인이 추가된 모형에서의 독립변인이 종속변인에 미치는 효과가 0에 가까운 경우의 매개효과

(4) 부문매개(Partial mediation)

매개변인 없어도, 독립이 종속에 영향을 미치는 경우의 매개효과

매개변인이 추가된 모형에서의 독립변인이 종속변인에 미치는 효과가 여전히 통계적으로 유의한

값이면서, 매개변인이 없는 모형에서의 독립변인 효과보다 작고, 독립변인과 매개변인의 관계와 매개변인과 종속변인과의 관계가 유의한 경우의 매개효과

[표 4-55] 부분매개와 완전매개의 차이

차이분석	
부분매개	**완전매개**
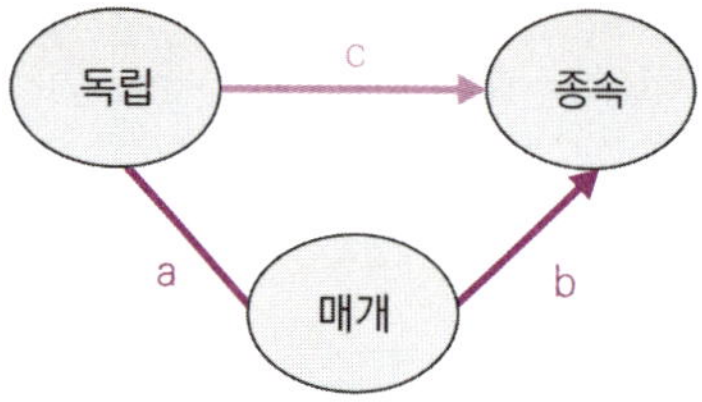 부분매개 부분매개효과(m)가 유의미하기 위해서는 1) a, b, c 3개가 모두 유의미하고, 2) c가 t보다 작아야 한다. (여기서 t는 매개변이 없을 때 독립이 종속에 미치는 영향)	완전매개  직접효과(c) ≒ 0 따라서, 총효과(t) ≒ 매개효과(ab)

[표 4-56] 연구주제에 따른 연구모형

	단순 모형	**매개효과 모형**	**조절효과 모형**
연구주제 (타이틀)	• 독립이 종속에 미치는 영향	• 독립이 종속에 미치는 영향: 매개의 매개효과를 중심으로	• 독립이 종속에 미치는 영향: 조절의 조절효과를 중심으로
연구 모형	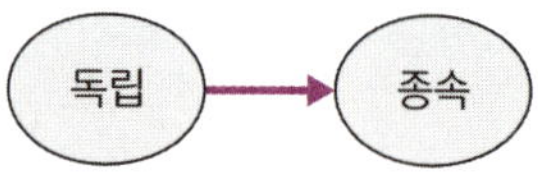	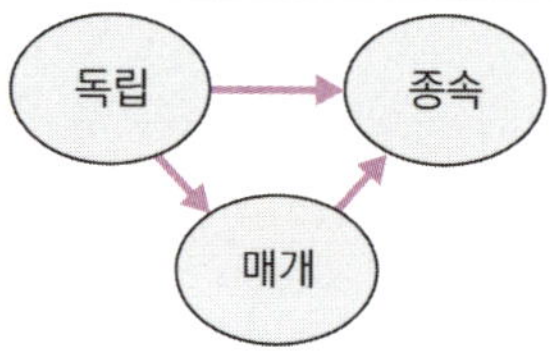	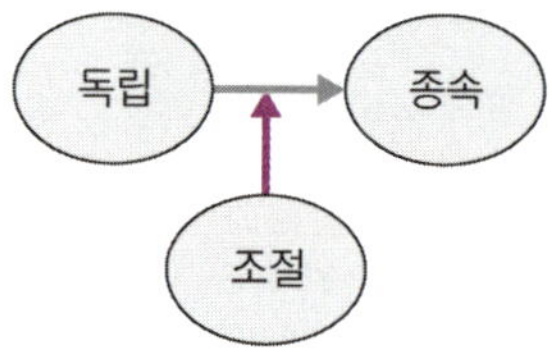

3) Sobel-Test(소벨테스트)

매개효과의 효과성을 검증하는 방법

소벨테스트의 결과값은 +1.96보다 크거나, -1.96보다 작으면 매개효과가 유의미하다고 판정

$$Z_{ab} = \frac{a \times b}{\sqrt{(a^2 \times seb^2) + (b^2 \times sea^2)}}$$

(1) 매개변수의 비표준화 베타값, 비표준화 표준오차 기록

계수a

모형		비표준화 계수		표준화 계수	t	유의확률
		B	표준오차	베타		
1	(상수)	6.040	.637		9.477	.000
	AA	-.257	.113	-.175	-2.275	.024
	AB	-.130	.104	-.098	-1.255	.211
	AC	.206	.096	.151	2.143	.033
	AD	-.372	.113	-.244	-3.303	.001
	CA	-.408	.099	-.276	-4.108	.000

a: 종속변수: BA

매개변수인 CA의 비표준화 베타값: -0.408과 비표준화 표준오차: 0.099 기록

B = -0.408 , SEb = 0.099

(2) 소벨테스트 간편 계산 사이트 이동

- http://www.danielsoper.com/statcalc3/calc.aspx?id=31

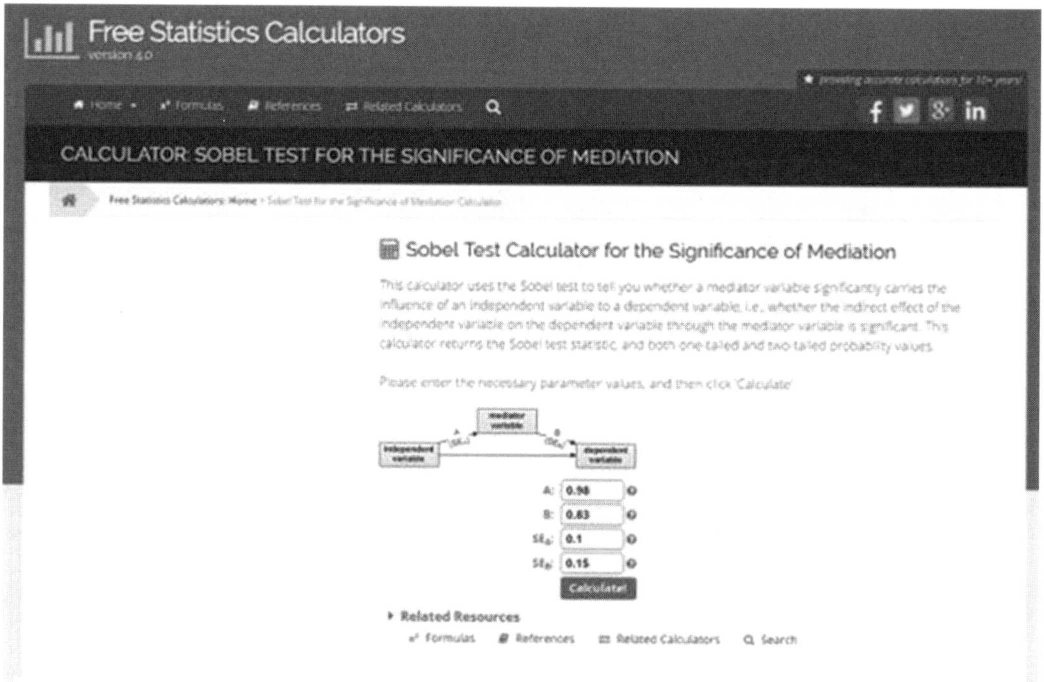

(3) 기록해두었던 비표준화계수 B와 표준오차를 입력

A = 0.283, SEa = 0.078, B = -0.408, SEb = 0.099

입력을 완료한 후 [Calculate]를 클릭하여 소벨테스트를 실행

(4) 결과값 확인

소벨테스트의 결과값은 +1.96보다 크거나 -1.96보다 작으면 매개효과가 유의미하다고 판정

4) 매개효과 분석결과

(1) 완전매개

[표 4-57] 보상시스템의 임금과 조직유효성간의 관계에서 감성리더십의 매개 역할

단계	직무착근도			서비스지향성		
	β	t	p	β	t	p
step1	.344	6.478***	.000	.344	6.478***	.000
step2	.555	11.811***	.000	.408	7.895***	.000
step3(독립)	.426	9.381***	.000	.254	5.188***	.000
step3(매개)	.376	8.295***	.000	.448	9.163***	.000
F-value(p)	119.264***			81.409***		
R^2	.433			.343		
채택 여부	부분매개			부분매개		

*** $p < .001$

주) step1은 매개변수에 대한 독립변수의, step2는 종속변수에 대한 독립변수의, step3은 종속변수에 대한 독립변수 및 매개변수의 회귀분석 결과이며, R^2과 F값은 step3의 회귀식 결과를 나타낸 것임

표 4-57은 보상시스템의 임금과 조직유효성의 관계에서 감성리더십의 매개역할을 분석한 결과이다. 분석결과 보상시스템의 임금은 1단계에서 매개변수인 감성리더십에 통계적으로 유의미한 정(+)의 영향을 미치는 것으로 나타나 매개조건을 충족하였다($p<.001$).

1단계 매개조건을 충족한 보상시스템의 임금에 대해 2단계 매개조건 분석 결과 조직유효성(직무접근도, 서비스지향성)에 통계적으로 유의미한 영향을 미치는 것으로 나타나 매개조건을 충족하였다($p<.001$).

2단계 매개조건을 충족한 보상시스템의 임금에 대해 3단계 매개조건 분석 결과 독립변수인 보상시스템의 임금의 회귀계수가 유의미하고, 매개변수인 감성리더십도 유의미하게 나타나 감성리더십은 조직유효성(직무착근도, 서비스지향성) 간의 관계에서 부분매개 조건을 충족하고 있는 것으로 나타났다.

[표 4-58] 미용종사자의 심리적 자본과 조직 몰입의 관계에서 절차공정성의 매개효과

구분	단계	β	t	p	F-value	R^2	채택유무
희망	1단계	.406	8.3898***	.000	79.179***	.165	부분매개
	2단계	.410	8.3998***	.000	80.962***	.168	
	3단계(독립)	.226	5.076***	.000			
	3단계(매개)	.454	10.205***	.000	102.969***	.340	
자기효능감	1단계	.463	10.449***	.000	109.179***	.214	부분매개
	2단계	.531	12.561***	.000	157.772***	.282	
	3단계(독립)	.355	8.105***	.000			
	3단계(매개)	.381	8.3696***	.000	131.381***	.396	
낙관주의	1단계	.375	8.090***	.000	65.453***	.140	부분매개
	2단계	.552	13.267***	.000	176.015***	.305	
	3단계(독립)	.405	10.017***	.000			
	3단계(매개)	.394	9.739***	.000	156.034***	.438	
복원력	1단계	.408	8.960***	.000	80.285***	.167	부분매개
	2단계	.473	10.752***	.000	115.615***	.224	
	3단계(독립)	.300	6.925***	.000			
	3단계(매개)	.423	9.739***	.000	118.763***	.373	

*** $p < .001$

해석

[표 4-59] 3단계 매개회귀 분석 결과

매개회귀 분석 단계 (종속변수)			1단계(여가만족)		2단계(행복)		3단계(행복)		매개효과[a]
			β	t값	β	t값	β	t값	
독립변수		문화예술 관람(1.0)	-.010	-.703	-.008	-.410	-.001	-.064	×
		문화예술 참여(1.0)	.511***	3.781	.033**	2.369	.007	.562	○(완전)
		스포츠 관람(1.0)	.014	.998	.008	.424	-.001	-.104	×
		스포츠 참여(1.0)	.090***	6.359	.079***	5.507	.033***	2.668	○(부분)
		관광 활동(1.0)	.016	1.182	.020	1.401	.011	.925	×
		취미, 오락 활동(1.0)	.043***	2.911	.045***	2.988	.023*	1.734	○(부분)
		사회 및 기타 활동(1.0)	-.007	-.490	.022	1.588	.028**	2.113	×
		휴식 활동(1.0)	-.025*	-1.731	.013	.911	.025**	1.995	×
		절대적 여가시간	.109***	7.095	.056***	3.591	.001	.069	○(완전)
		상대적 여가시간	-.188***	-11.579	-.117***	-3.087	-.033***	-2.597	○(부분)
		절대적 여가지출	.083***	5.468	.049***	3.220	.007	.546	○(완전)
		상대적 여가지출	-.044***	-3.125	-.045***	-3.152	-.022	-1.828	○(완전)
통제변수		성별(남=1, 여=0)	.002	.123	-.078***	-4.530	-.078***	-5.283	×
		연령	.104***	4.267	-.024	-.979	-.078***	-3.633	×
	학력	중졸 이하(0.0)	기준변수						
		고졸(1.0)	.088***	3.039	.084***	2.888	.030	1.575	○(완전)
		대재 이상(0.1)	.116***	4.675	.123***	4.888	.084***	2.947	○(부분)
	소속	개인	.083***	2.904	.032	1.488	.001	.042	×
		기구	.034*	1.701	.105***	5.197	.088***	5.022	○(부분)
	지역규모	읍면군(0.0)	기준변수						
		중소도시(1.0)	-.037**	-1.987	-.028	-1.497	-.009	-.573	×
		대도시(0.1)	-.018	-.914	.022	1.103	.031*	1.838	×
	직업유무	무직(0.0.0.0)	기준변수						
		임금근로자(1.0.0.0)	-.057***	-2.880	-.047***	-2.388	-.018	-1.039	○(완전)
		자영업자(0.1.0.0)	-.085***	-4.335	-.028	-1.440	.015	.852	×
	가족구성	무급가족 종사자(0.0.1.0)	-.058***	-3.917	-.023	-1.830	.005	.391	×
		학생(0.0.0.1)	.025	1.127	.048***	2.137	.035*	1.818	×
		배우자 우무(1.0)	.023	1.223	.121***	6.382	.109***	6.669	×
		동거자녀 유무(1.0)	-.056***	-2.748	-.052***	-2.528	-.024	-1.328	○(완전)
		동거가구원수	.014	.728	-.087***	-3.481	-.074***	-4.428	×
매개변수		여가만족					.509***	40.983	-
F값			22.378***		17.278***		82.193***		-
$R^2(\Delta R^2)$			.108		.038		.346(Δ.230)		-

* $p < 0.1$, ** $p < 0.05$, *** $p < 0.01$

a) Beta : 표준화회귀계수

해석

통 계 용 어

[가]

가설(Hypothesis)

검정할 목적으로 설정하는 모수에 대한 잠정적인 주장 또는 가정을 의미한다.

가설검정(Hypothesis Test)

가설검정은 모집단에 대하여 어떤 가설을 설정하고 그 모집단으로부터 표본을 분석함으로써 그 가설의 타당성 여부를 결정하는 것이다. 이에 반하여 추정(Estimation)은 표본으로부터 계산한 통계량을 가지고 무엇이 모수인가를 규명하는 것이다.

가중중간값(Weighted median)

데이터를 정렬한 후, 각 가중치값을 위에서부터 더할 때, 총합의 중간이 위치하는 데이터값.

단순히 가운데 위치한 값이 아닌 어떤 위치를 기준으로 상위 절반의 가중치의 합이 하위 절반의 가중치의 합과 동일한 위치의 값.

가중평균(Weighted mean)

가중치를 곱한 값의 총합을 가중치의 총합으로 나눈 값.

유의어 : 가중평균(Weighted average)

간격 변수(Interval variable)

등간성이 있고, 절대 영(0)과 비율의 의미가 없는 데이터.

개별-그룹(Separate-Groups)

개별-그룹 공분산 교차표가 분류에 사용된다. 분류가 판별 함수에 기초하고 원래 변수에 따라 달라지지는 않으므로 이 옵션이 2차 판별과 항상 같지는 않다.

개별-그룹 공분산(Separate-Groups Covariance)

각 그룹에 대해 개별 공분산 교차표를 표시한다.

개별-그룹 도표(Separate-Groups Plots)

처음 두 판별 함수값의 개별 그룹 산점도를 작성한다. 함수가 하나만 있는 경우에는 산점도 대신 히스토그램이 표시된다.

결정계수

분석이 얼마나 정확한지 나타내는 계수.

결합-그룹 도표(Combined-Groups Plots)

처음 두 판별 함수값에 대해 전체 그룹화 산점도를 작성한다. 함수가 하나만 있는 경우에는 산점도 대신 히스토그램이 표시된다.

고유(Unique)

모든 효과를 동시에 평가하고 유형에 관계없이 다른 모든 효과에 대해 각 효과를 조정한다.

공분산(Covariance)

두 변수간 연관을 표준화하지 않은 측도로서, N-1로 나눈 교차곱 편차와 같다. 즉, 두 변량의 상관관계를 수치화한 것.

귀무가설(=영가설)

기각되기 위하여 설정한 가설.

그룹 내(Within-Groups)

그룹 내 풀링 공분산 교차표가 케이스 분류에 사용된다.

그룹 내 공분산(Within-Groups Covariance)

그룹 내 풀링 공분산 교차표를 표시하는데 이는 전체 공분산 교차표와 다를 수 있다. 이 행렬은 모든 그룹에 대해 개별 공분산 교차표를 평균하여 구한다.

그룹 내 상관(Within-Groups Correlation)

상관을 계산하기 전에 모든 그룹에 대한 개별 공분산 교차표의 평균을 구하여 그룹 내 풀링 상관 행렬을 표시한다.

기대값(Expeted Value)

확률분포의 집중화 경향을 나타내는 것으로, 확률변수가 취할 수 있는 모든 값들의 평균을 의미한다.

기술통계학(Descriptive Statistics)

측정이나 실험에서 수집한 자료의 정리, 표현, 요약, 해석 등을 통해 자료의 특성을 규명하는 통계적 방법이다.

[다]

독립표본 t검정

성질이 다른 집단 간의 평균 비교

독립변인

다른 변인에게 작용하거나 다른 변인을 예언하거나 설명해 주는 변인. 실험연구의 경우는 독립변인은 실험자에 의하여 임의로 통제되고 조작된다. 따라서 실험변인(Experimental variable) 또는 처치변인(處置變因, Treatment variable)이라고도 한다.

대립가설

귀무가설과 대립되는 가설. 귀무가설이 대립되면 대립가설이 통계 결과로서 의미를 갖는다.

대응표본 t검정

동일한 집단의 전/후 상황 비교

대표값(Representative value)

어떤 데이터를 대표하는 값이다. 평균, 중앙값, 최빈값이 있다.

데이터(data)

하나 이상의 변수에 대한 관찰값의 모음(집합).

등분산

등분산은 집단 A와 집단 B의 분산이 같음을 의미하며, 대부분의 통계 분석에서는 서로 다른 데이터의 대표값을 비교하기 위해 등분산성이 가정되어야 한다.

[마]

명목 변수(Nominal variable)

순서가 없는 범주에 해당하는 데이터.

모수(Parameter)

모집단의 어떤 특성을 기술하며 모수값은 그 모수를 특정값으로 표현한 값이다.

모집단(Population)

분석의 대상이 되는 어떤 기본 단위의 변수에 관하여 수집한 관찰값들의 집합이다. 관심 대상이 되는 모든 개체의 집합(전체), 보통 모집단의 특성치, 모수(Parameter)는 알파벳 대신 그 모태가 되는 그리스 문자를 사용한다, 예를 들어, 모평균(모집단이 평균)은 μ를 사용하고, 모표준편차(모집단의 표준편차)는 σ를 사용한다.

[바]

백분위수(Percentile)

전체 데이터의 P%를 아래에 두는 값.

유의어 : 분위수(Quantile)

범위(Range)

숫자변수의 가장 큰 값과 가장 작은 값의 차이로 최대값에서 최소값을 뺀 값을 의미한다.

즉, 변량의 데이터의 변화폭을 말하며, 최대값과 최소값의 차이를 의미한다.

베이지안 정보 기준(BIC, Bayesian Information Criterion)

2 로그 우도에 기반한 모형을 선택 및 비교하기 위한 측도이다. 값이 작을수록 모형이 우수함을 나타낸다. BIC도 초과 모수화된 모형(예: 입력이 많은 복잡한 모형)에 "페널티를 부여"하지만 AIC보다 더 엄격하게 부여한다.

변인(Variable)

변수라고도 부르며, 연구의 대상이 되고 있는 일련의 개체를 말한다.

변수

어떤 특정한 값들을 대표하는 명칭이다.

분류 결과(Classification Results)

판별 분석을 기준으로 각 그룹에 정확하게 할당되거나 잘못 할당된 케이스의 수로, "혼동행렬"이라고도 한다.

분산(Variance)

평균에 대한 산포 측도로, 평균으로부터의 제곱합 편차를 케이스 수에서 1을 뺀 값으로 나눈 값과 같다. 분산은 변수 자체의 제곱 단위로 측정된다.

확률분포 또는 자료가 얼마나 퍼져 있는지를 알려주는 수치이며, 분산은 음의 값을 가질 수 없으며, 분산이 클수록 확률분포는 평균에서 멀리 퍼져 있고 0에 가까울수록 평균에 집중된다.

불편추정량(Unbiased Estimator)

일반적으로 추정량은 불편성, 일치성, 효율성 등의 특성을 가져야 하며, 불편성은 모든 가능한 통계량값의 평균이 모수와 같아지는 것이며, 이러한 통계량을 불편추정량이라 한다.

비모수

데이터가 특정 분포를 따르지 않아 일반적인 모수적 방법론으로 비교할 수 없는 경우를 말한다. 이 경우 중위수를 통한 통계량을 산출하여 분석한다.

비선형관계

선형관계가 아닌 데이터를 통해 예측하는 모델. 변수 변형을 많이 할 수 있어서 유연한 예측을 하기 쉽다.

비율변수(Ratio variable)
등간성이 있고, 절대 영(0)과 비율의 의미가 있는 데이터.

비연속 변인
특정 수치만을 가진 변인.

비표준화(Unstandardized)
표준화하지 않은 판별 함수 계수를 표시한다.

[사]

사건(Event)
표본공간의 부분집합.

사분위수(Quartile)
자료를 크기순으로 정렬했을 때 누적 백분율을 4등분한 각 점에 해당하는 값이다.

사분위범위(IQR interquartile range)
75번째 백분위수와 25번째 백분위수 사이의 차이.

산포도(Scatter Diagram)
크로스 집계표를 그래프로 나타낸 것으로 상관도라고도 하며, 데이터에서 2개 항목 간의 관계(이변량의 관계)를 아는데 편리하다.

상관관계(Coefficient Correlation)
두 변량 중 하나가 증가함에 따라 다른 한쪽이 증가 또는 감소할 때 두 변량의 관계를 의미한다.
한 변량이 증가할 때 상대 변량이 증가하면 양의 상관관계, 한 변량이 증가할 때 상대 변량이 감소하면 음의 상관관계라 한다.

생존 도표(Survival Plot)
선형 척도로 누적 생존 함수를 표시한다.

선형관계
독립 - 종속변수관계 비교(인과관계),

설명되지 않는 분산(Unexplained Variance)
각 단계에서 그룹간 설명되지 않은 변동 합계를 최소화하는 변수를 입력한다.

수정결정계수
독립변수의 수가 많아질 때 결정계수에 문제가 발생. 이를 보완하기 위해 만든 개념.

순서변수(Ordinal variable)
순서가 있는 범주에 해당하는 데이터.

순서통계량(Order statistics)
최소에서 최대까지 정렬된 데이터값에 따른 계량형.
유의어 : 순위

순차제거복원 분류(Leave-one-out Classification)
분석의 각 케이스가 해당 케이스가 아닌 다른 모든 케이스에서 파생된 함수에 따라 분류된다. 이 방법을 "U-방법"이라고도 한다.

순차 Bonferroni(Sequential Bonferroni)
순차 단계별로 낮아지는 거부 Bonferroni 프로시저로, 개별 가설은 거부하지만 동일한 전체 유의수준을 유지한다는 점에서 훨씬 덜 보수적인 방법이다.

순차 Sidak(Sequential Sidak)
순차 단계별로 낮아지는 거부 Sidak 프로시저로, 개별 가설은 거부하지만 동일한 전체 유의수준을 유지한다는 점에서 훨씬 덜 보수적인 방법이다.

신뢰구간
모수가 실제로 포함될 것으로 예측되는 범위.

[아]

양적데이터(Qualitative Data)

온도, 시각, 키, 체중, 시간 등과 같이 관측된 데이터의 값이 수치 형태의 속성을 가진 데이터. 수치적 자료(Numerical data), 연속형 자료(Continuous data) 또는 정량적 자료(Quantitative data)라고도 한다.

양의 상관관계

독립변수가 증가할 때 종속변수의 값도 증가하는 형태 우상향 그래프를 그린다.

연속데이터(Continous Data)

키, 체중, 시간, 혈압, 경제성장률 등과 같이 연속적인 수치로 나타낼 수 있는 데이터.

연속 변인

주어진 범위 내에서는 어떤 값도 가질 수 있는 변인.

영역 맵(Territorial Map)

함수값에 따라 케이스를 그룹으로 분류하는 데 사용하는 경계의 도표이다. 숫자는 케이스가 분류된 그룹에 해당한다. 각 그룹의 평균은 경계 내에서 별표로 표시된다. 판별 함수가 하나만 있는 경우에는 맵이 표시되지 않는다.

오차

함수, 공식, 통계량으로 참값 또는 이론적 값을 완전히 설명하거나 모형화하지 못하는 정도를 나타냄.

왜도(Skewness)

분포의 비대칭성에 대한 측도. 정규분포는 대칭이므로 왜도값이 0이다. 양의 왜도가 많은 분포는 오른쪽이 길다. 유의한 음의 왜도를 가지는 분포에는 왼쪽으로 긴 꼬리가 나타난다. 왜도값이 표준오차의 두 배를 넘는 것은 대칭에서 벗어난 정도를 나타낸다.

왜도의 표준오차(Standard Error of Skewness)

표준오차에 대한 왜도의 비율을 정규성 검정에 사용할 수 있다. 즉, 비율이 -2보다 작거나 +2보다 큰 경우 정규성을 거부할 수 있다. 왜도가 큰 양의 값인 경우 오른쪽이 길어지고 큰 음의 값인 경우 왼쪽이 길어진다.

위험 함수 도표(Hazard Plot)
선형 척도에 누적 위험 함수를 표시한다.

유효함(Valid)
시스템 결측값 또는 사용자 결측값이 지정되어 있지 않은 케이스가 유효 케이스이다.

음의 상관관계
독립변수가 증가할 때 종속변수의 값은 감소하는 형태. 좌하향 그래프.

이산데이터(Discrete Data)
주사위 숫자, 학번, 연령 등과 같이 연속적이지 않은 수치로 나타내는 데이터.

이상검출(anomaly detection)
특이값은 때론 유익한 정보를 내포하는데, 정상적인 데이터가 아닌 예외적으로 측정된 특이값을 주로 관찰하고 분석하여 유용한 정보를 도출하는 것.

이항분포(Binomial distribution)
연속된 n번의 독립적 시행에서 각 시행이 확률 p를 가질 때의 이산확률분포이다.
이러한 시행은 베르누이 시행이라고도 한다. 사실 n=1일 때 이항분포는 베르누이분포이다.

일변량분산 분석(Univariate ANOVAs)
각 독립변수에 대해 그룹 평균의 등식을 검정하는 일원분산 분석을 수행한다.

임의 추출(Random sampling)
모집단의 구성요소 하나하나가 표본으로 뽑힐 확률이 같은 상황에서 표본을 뽑는 방법.

[자]

잔차
실제값 - 예측값

전체 공분산(Total Covariance)

단일 표본으로 작성한 것처럼 모든 케이스로부터 공분산 교차표를 표시한다.

절사평균(Trimmed mea)

정해진 개수의 극단값을 제외한 나머지 값들의 평균(가장 작은 값(x1)과 가장 큰 값(xn)을 제외한 평균)값.
유의어 : 절단평균(Truncated mean)

정규화된 BIC(Normalized BIC)

정규화된 Bayesian 정보 기준이다. 모형의 전반적인 적합도에 대한 일반적인 측도로서 모형 복합성을 설명해 준다. 평균 제곱 오차를 기반으로 하는 스코어이며, 모형 내 모수의 수와 계열의 길이에 대한 페널티를 포함한다. 페널티는 모수가 더 많은 모형의 이점을 제거하게 되므로 동일 계열의 경우 다른 모형끼리 통계를 쉽게 비교할 수 있다.

정상 R 제곱(Stationary R-squared)

모형의 정상 부분과 단순 평균 모형을 비교하는 측도이다. 추세나 계절 패턴이 있는 경우 보통 R 제곱보다 이 측도를 사용하는 것이 좋다. 정상 R 제곱의 범위는 음의 무한대에서 1까지이다. 음수값은 고려 중인 모형이 기준선 모형보다 나쁨을 의미하며 양수값은 고려 중인 모형이 기준선 모형보다 좋음을 의미한다.

종속 변인

독립변인의 조작결과(操作結果)에 의존하며 이의 효과를 판단하는 준거가 되는 변인.
실험의 기본적인 형태는 어떤 변인이 다른 어떤 변인에 어떠한 영향을 미치는지를 알아보고자 한다.

중간값(Median)

데이터에서 가장 가운데 위치한 값.
유의어 : 50번째 백분위수(50th percentile)

중앙값(Median)

변량의 값을 크기 순으로 늘어놓았을 때 중앙에 오는 수치로, 데이터의 크기가 짝수일 경우는 한 가운데 2개를 취하고, 이들 2개로 나눈 수치를 중앙값으로 정한다.

중위수

평균과 같은 대표값으로, 데이터를 정렬한 상태에서 순위를 부여하였을 때 중간(절반)의 위치에 있는 값을 의미한다.

질적데이터(Qualitative Data)

좋다 '1', 그리 좋지 않다 '2', 싫다 '3' 등과 같이 범주 또는 순서 형태의 속성을 가진 데이터.
분류 자료, 범주형 자료(Categorical data) 또는 정성적 자료(Qualitative data)라고도 한다.

[차]

첨도(Kurtosis)

이상치가 있는 정도에 대한 측도이다. 정규분포의 경우 첨도 통계값은 0이다. 양(+)의 첨도는 데이터가 정규분포보다 더 극단적인 이상치를 나타냄을 표시한다. 음의 첨도는 데이터가 정규분포보다 극단적인 이상치를 나타냄을 표시한다.

첨도의 표준오차(Standard Error of Kurtosis)

표준오차에 대한 첨도의 비율을 정규성 검정에 사용할 수 있다. 즉, 비율이 -2보다 작거나 +2보다 큰 경우 정규성을 거부할 수 있다. 첨도가 높은 양의 값인 경우 분포의 양끝이 정규분포의 양끝보다 길어지고 음의 값인 경우 양끝이 짧아진다(상자 형태 균일분포와 유사).

최대값(Maximum)

숫자 변수의 가장 큰 값이다.

최빈값(Mode)

가장 빈도가 많은 데이터값을, 특히 질적 데이터에서는 최빈값을 대표값으로 정한다.

최소값(Minimum)

숫자 변수의 가장 작은 값이다.
최소 F-비 진입방법 최대화(Maximizing the Smallest F Ratio Method of Entry).
그룹 간 Mahalanobis 거리로부터 계산한 F-비를 최대화하는 단계별 분석의 변수 선택 방법이다.

추리통계학(Inferencial Statistics)
모집단에서 뽑은 표본을 분석하여 이를 기초로 모집단의 특성을 규명하는 통계적 방법이다.

추정량(Estimator)
표본 정보에 의존하는 확률변수로서 모수를 추정하는 데 사용되는 표본통계량(표본평균, 표본분산, 표본비율)을 의미한다.

추정치(Estimate)
추정량으로부터 결정되는 특정한 값을 의미한다.

[카]

케이스(Cases)
각 케이스마다 실제 그룹, 예측 그룹, 사후 확률, 판별 스코어 등에 대한 코드가 표시된다.

크로스 집계표
동시에 조사한 2개의 항목에 대해 해당수를 표에 정리한 표로, 분할표라고도 한다.

[타]

통계량(Statistics)
표본의 특성을 수치로 나타내는 것을 통계량이라 한다.

통계적 추정(Statistical Estimation)
표본의 성격을 나타내는 통계량을 기초로 모수를 추정하는 통계적 분석 방법.

통계적 가설검정(Statistical Hypothesis Test)
표본에서 얻은 사실을 근거로 모집단에 대한 가설이 맞는지 틀리는지 검정하는 통계적 분석을 통계적 가설검정(Statistical Hypothesis Test)이라고 한다.

통계추론(Statistical Inference)

관심 대상인 집단에 대해 조사한 결과로부터 일관성을 찾아내고 불확실한 사실에 대한 결론이나 예측을 하는데 필요한 이론과 방법.

통계학(Statistics)

수량적 비교를 기초로 하여 많은 사실을 통계적으로 관찰하고 처리하는 방법을 연구하는 학문이다. 근대 과학으로서의 19세기 중반 벨기에의 케틀레가 독일의 "국상학(Staaenkunde, 넓은 의미의 국가학)"과 영국의 "정치 산술(Political Arithmetic, 정치사회에 대한 수량적 연구 방법)"을 자연과학의 "확률 이론"과 결합하여 수립한 학문에서 발전되었다.

특이값(Outlier)

대부분의 값과 매우 떨어져 있거나, 매우 다른 데이터값. 잘못된 값이 섞이거나, 유효하지 않은 값이 포함된 것. 에러값.

유의어 : 극단값, 특이점

특이점(이상치, Outlier)

대부분의 자료가 모여 있는 군집(Cluster)으로부터 멀리 떨어져 있는 자료를 말한다.

[파]

편차(Deviation)

데이터(혹은 변량)가 평균값으로부터 어느 정도 큰가 또는 작은가를 나타내는 값.

편차 = 데이터의 값(변량) - 평균값

평균(Mean)

중심 경향에 대한 측도이다. 합계를 케이스수로 나눈 산술 평균값이다. 즉, 모든 값의 총합을 개수로 나눈값.

유의어 : 평균(Average)

평균(Means)

전체 평균 및 그룹 평균, 독립변수에 대한 표준편차를 표시한다.

평균절대편차(Mean absolute deviation)

평균과의 편차의 절대값의 평균.

평균의 표준오차(Standard Error of Mean)

동일 분포로부터 선택한 표본간에 발생할 수 있는 평균값의 차이에 대한 측도이다. 이 값을 사용하여 관측 평균과 가설값을 간략하게 비교할 수 있다. 즉, 표준오차에 대한 차이 비율이 -2보다 작거나 +2보다 큰 경우 두 값이 다르다고 판단할 수 있다.

표본(Sample)

전체 모집단의 축도 또는 단면이 된다는 가정 하에서 모집단에서 선택된 모집단 구성단위의 일부.

표본공간(Sample Space)

확률적 실험을 통해 일어날 수 있는 모든 가능한 결과의 집합.

표본조사

집단 모두를 조사하는 총조사는 비용과 시간이 많이 소요되므로 특별한 경우를 제외하고는 집단 전체가 아닌 표본을 조사하게 되는데, 이러한 조사를 표본조사라 한다.

표준오차(Standard Error)

검정 통계량값이 표본마다 얼마나 달라지는지에 대한 측도이다. 이 항목은 통계에 대한 표본분포의 표준편차가 된다. 예를 들어, 평균의 표준오차는 표본평균의 표준편차이다.

표준편차(Standard Deviation)

평균에 대한 산포 측도이다.

데이터가 평균을 중심으로 얼마나 퍼져 있는지를 나타내는 수치로, 표준편차가 0에 가까울수록 데이터는 평균 근처에 집중되어 있음을 의미하고, 표준편차가 클수록 데이터가 널리 퍼져 있음을 의미한다.

모집단 전체의 표준편차를 구할 수 없을 때, 표본의 표준편차를 이용한다. 표본표준편차는 일반적으로 s 또는 S로 나타내며, 표본표준편차와 구분하여 모집단의 표준편차는 모표준편차라고 한다.

표준정규분포(Standard normal distribution)

평균이 0이고 표준편차가 1인 정규분포 N(0, 1).

표준화(Standardization)

각기 다른 모양과 위치를 가지는 정규분포를 표준정규분포로 전환하는 방법.

[하]

합계(Sum)

비결측값을 갖는 전체 케이스값의 총계.

확률(Probability)

사건이 발생할 가능성을 0과 1 사이의 값으로 표현한 것.

확률밀도함수(Probability Density Function)

연속형 확률변수가 주어진 어떤 구간 내에 포함될 확률을 확률밀도라고 하며, 이를 함수 형태로 나타낸 것을 확률밀도함수라고 한다.

확률변수(Random Variable)

표본공간의 사건을 숫자로 바꿔 주는 함수이다. 확률변수에는 주사위의 눈과 같이 비연속 데이터를 취하는 이산형 확률변수와 체중, 키와 같이 연속하는 데이터를 취하는 연속형 확률변수라 한다.

확률분포(Probability Distribution)

확률변수와 그에 대응하는 확률을 부여하며, 확률변수는 그 확률분포에 따른다고 말하며, 이를 표로 나타낸 것을 확률분포표라고 한다.

회귀 분석(Regression Analysis)

변수와 변수 사이의 관계를 규명하는 통계적 방법으로 한 변수가 다른 변수에 미치는 영향력의 크기를 알아보는 것이 회귀 분석의 목적이다.

[A]

α값(알파값, 유의수준)

신뢰구간 추정 용도. 알파값이 증가되면 오판 위험도가 증가한다.
알파값 계산 방법 : 1-신뢰구간
예) 1-0.95 = 0.05(알파값)

AICC

-2(제한) 로그 우도에 기반한 혼합 모형을 선택 및 비교하기 위한 측도이다. 값이 작을수록 모형이 우수함을 나타낸다. AICC는 작은 표본 크기의 AIC를 "수정한다". 표본 크기가 증가함에 따라 AICC는 AIC로 수렴된다.

ANOVA(분산분석) 분석

3개의 집단 이상의 평균을 비교할 때 사용.

[B]

Box의 M 검정(Box's M test)

그룹 공분산 교차표의 등식에 대한 검정을 수행한다. 표본이 충분히 큰 경우 p값에 유의수준이 없으면 행렬이 다르고 판단하기 어렵다. 이 검정은 다변량 정규성에서 벗어나는 경우 영향을 많이 받는다.

[F]

F값 사용(Use F Value)

F값이 진입값보다 크면 모형에 변수가 입력되고 F값이 제거값보다 작으면 제거된다. 진입값은 제거값보다 커야 하고 두 값 모두 양수여야 한다. 모형에 더 많은 변수를 입력하려면 진입값을 낮추고 모형에서 변수를 더 많이 제거하려면 제거값을 높인다.

F확률 사용(Use Probability of F)

F값의 유의수준이 진입값보다 작으면 모형에 변수가 입력되고 유의수준이 제거값보다 크면 제거된다. 진

입값은 제거값보다 작아야 하며 두 값 모두 양수여야 한다. 모형에 변수를 더 많이 입력하려면 진입값을 높이고 모형에서 변수를 더 많이 제거하려면 제거값을 낮춘다.

Fisher의 방법(Fisher's)

분류에 직접 사용할 수 있는 Fisher의 분류함수계수를 표시한다. 각 그룹에 대해 개별적인 일련의 분류함수계수가 작성되고 케이스는 판별 스코어(분류함수값)가 가장 큰 그룹에 할당된다.

[M]

MAE

평균 절대 오차이다. 계열이 모형 예측 수준에서 얼마나 달라지는지에 대한 측도이다. MAE는 원래의 계열 단위로 보고된다.

Mahalanobis 거리(Mahalanobis Distance)

독립변수의 케이스값이 전체 케이스 평균과 얼마나 달라지는지에 대한 측도이다. Mahalanobis 거리가 크면 케이스가 독립변수 하나 이상에 대해 극단값을 갖는 것으로 식별한다.

MAPE

평균 절대 백분율 오차로서, 종속 계열이 모형 예측 수준에서 얼마나 달라지는지에 대한 측도이다. 사용된 단위와 상관이 없으므로 다른 단위의 계열을 비교하는 데 사용할 수 있다.

MaxAE

절대오차의 최대값으로서, 종속 계열과 같은 단위로 표현되는 최대 예측 오차이다. MaxAPE와 마찬가지로 예측에 대한 최악의 케이스 시나리오를 예상하는 데 유용하다. 절대 오차의 최대값과 절대 백분율 오차의 최대값은 다른 계열 지점에서 발생할 수 있다. 예를 들어, 대형 계열값의 절대 오차는 소형 계열값의 절대 오차보다 약간 크다. 이와 같은 경우 절대 오차의 최대값은 더 큰 계열값에서 발생하며 최대 절대 백분율 오차는 더 작은 계열 값에서 발생한다.

MaxAPE

최대 절대 백분율 오차로서, 백분율로 표현되는 최대 예측 오차이다. 이 측도는 예측에 대한 최악의 시나

리오를 예상하는 데 유용하다.

[P]

p값

알파값과 비교하여 귀무가설을 기각하기 위한 용도로 사용. p값이 작을수록 귀무가설과 표본이 모순된다.

[R]

R 제곱(R-Squared)

선형 모형의 적합도 측도로서 결정계수라고도 한다. 이 항목은 회귀 모형으로 설명한 종속변수의 변동 비율이 된다. 값의 범위는 0-1이다. 값이 작을수록 모형이 데이터에 적합하지 않음을 의미한다.

Rao의 V(판별 분석, Rao's V (Discriminant Analysis))

그룹 평균 간 차이에 대한 측도이다. Lawley-Hotelling 트레이스라고도 하며 각 단계에서 Rao의 V의 증가를 최대화하는 변수가 입력된다. 이 옵션을 선택한 다음 변수가 가져야 하는 최소값을 입력하여 분석에 사용한다.

RMSE

RMSE(Root Mean Square Error)는 평균제곱오차의 제곱근이다. 종속 계열이 모형 예측 수준과 얼마나 다른지에 대한 측도로서, 종속 계열과 같은 단위로 표시된다.

[T]

t검정

두 집단의 평균을 비교할 때 사용한다.

[W]

Wilks의 람다 최소화(Minimize Wilks' Lambda)

단계별 판별 분석의 변수 선택 방법으로, Wilks의 람다를 낮추는 정도에 따라 방정식에 입력할 변수를 선택한다. 각 단계에서 전체 Wilks의 람다를 최소화할 변수를 입력한다.

[기타]

1-생존함수(One Minus Survival)

선형 척도에 1-생존함수를 도표화한다.

χ^2(카이제곱) 검정

분산 추정할 때 사용한다. n개의 케이스가 n개의 조건에서 일어날 수 있는 통계값을 검정한다. 모집단이 1개일 때 사용한다.

참 고 문 헌

1) 강동완, 서윤암, 오남식, 임회정(2012). 대한치과보철학회지에서 볼 수 있는 통계적 오류의 고찰(2006-2010), 50(4) pp.258~270.
2) 권오혁, 신영식(2018). 미용서비스 종사자의 감성지능이 직무만족과 고객지향성에 미치는 영향. 한국디자인문화학회지, 24(2), 34-41.
3) 김문희(2018). 미용장의 사회적 위상이 직업성취도 및 자아실현에 미치는 영향, 한성대학교 예술대학원 뷰티예술학과 헤어디자인전공.
4) 박진희(2010). 4년제대학 헤어미용 교과분석 및 임상현장의 재교육 현황 분석, 한서대학교 정보산업대학원.
5) 신성녀. 미용종사자의 스트레스가 분노표현, 정신건강에 미치는 영향 : 회복탄력성 매개효과를 중심으로, 광주여자대학교.
6) 윤천성, 김정숙(2010). 중· 노년여성의 피부미용 관리가 행복감에 미치는 영향. 대한피부미용학회지, 8, 1-14.
7) 임미지(2018). 미용고객의 관계결속과 장기지향성과의 영향관계에서 신뢰의 매개효과에 관한 연구, 서경대학교 일반대학원 미용예술학과 헤어전공.
8) 채지연(2014). 초등학교 고학년 학생의 외모만족도와 학교생활적응의 관계에서 사회적 지지의 매개효과, 한국교원대학교 교육대학원.
9) 한인섭(2017). 독립변수들의 다중공선성을 고려한 예측모델에 관한 연구, 경기대학교 대학원.

10) blog.naver.com, [공유] SPSS 요인분석, Factor analysis.
11) blog.naver.com, [공유] 요인분석.
12) blog.naver.com, [펌] 요인분석.
13) blog.naver.com, [확률과 통계] 공분산(Covariance)과 상관계수(Correlation).
14) blog.naver.com, 요인분석2.
15) blog.naver.com, 유의확률(p-값),유의수준, 영가설, 대립가설.
16) carstart.tistory.com, [과학 상식] 나의 체온은 정상일까?, tistory.
17) drhongdatanote.tistory.com, [개념 통계] 모집단분포와 표본분포란 무엇인가?, tistory.
18) drhongdatanote.tistory.com, [개념 통계] 정규분포와 표준정규분포 그리고 Z-score, tistory.
19) Databaser.Net, 요인분석은?, 이재학
20) hver.kcce.or.kr, 요인분석은?
21) wiki.commres.org, 요인분석은?
22) wolfpack.hnu.ac.kr, 설문지 작성 - 한남대학교 통계학과 권세혁 교수.
23) www.esop.kr, 회귀분석을 통한 매개효과 분석.
24) www.kao.or.kr, 통계분석가이드라인
25) www.youblisher.com, 설문 조사 개요

COSMETIC STATISTICS

찾아보기